RPB Nr. 238

RPB Nr. 238

Siegfried Wirsum

Bausteine der Signalübertragungs- und Steuerungstechnik

Schaltungen und Verfahren anhand von einfachen Beispielen

Mit 84 Abbildungen

FRANZIS

Die Deutsche Bibliothek – CIP-Einheitsaufnahme

Wirsum, Siegfried:
Bausteine der Signalübertragungs- und Steuerungstechnik: Schaltungen und Verfahren anhand von einfachen Beispielen / Siegfried Wirsum. –
München: Franzis, 1991.
(RPB; Nr. 238)
ISBN 3-7723-2381-2
NE: GT

Satz: Franzis-Druck GmbH, München
Druck: Hablitzel & Sohn GmbH, 8060 Dachau
Printed in Germany. Imprimé en Allemagne.

ISB N 3-7723-2381-2

Vorwort

Dieses Buch möchte mit dem Mut zur Lücke einen praktischen Einblick in die Signalübertragungs- und Steuerungstechnik anhand einfacher, jedoch aber grundlegender Schaltungen und Verfahren vermitteln.

Der Themenkreis befaßt sich mit Begriffen und Basisanwendungen von Bausteinen der Signalübertragungs-, Steuerungs- und Fernmeßtechnik in analog und digital. „In“ sind hier Sensoren, Umsetzer, Interfaces, Ansteuerbausteine, Aktoren, Ablauf- und Schrittmotorsteuerungen.

Theorie fließt dort ein, wo diese zum Verständnis der Funktion erforderlich ist. Die Versuchsschaltungen sind mit den heute zur Verfügung stehenden innovativen Bauelementen – gewissermaßen zum Einstimmen in ein neues Anwendungsfeld – als Anregung und Arbeitshilfe für eigene Problemlösungen aufgebaut und mit weiterführenden Hinweisen versehen.

Das „Learning by Doing“ wird durch die erprobten Schaltungen und die Verwendung von Standardbauteilen und Bausteinen – auch für den Anwender mit schmalem Geldbeutel – erleichtert.

Siegfried Wirsum

Wichtiger Hinweis

Die in diesem Buch wiedergegebenen Schaltungen und Verfahren werden ohne Rücksicht auf die Patentlage mitgeteilt. Sie sind ausschließlich für Amateur- und Lehrzwecke bestimmt und dürfen nicht gewerblich genutzt werden*).
Alle Schaltungen und technischen Angaben in diesem Buch wurden vom Autor mit größter Sorgfalt erarbeitet bzw. zusammengestellt und unter Einschaltung wirksamer Kontrollmaßnahmen reproduziert. Trotzdem sind Fehler nicht ganz auszuschließen. Der Verlag und der Autor sehen sich deshalb gezwungen, darauf hinzuweisen, daß sie weder eine Garantie noch die juristische Verantwortung oder irgendeine Haftung für Folgen, die auf fehlerhafte Angaben zurückgehen, übernehmen können. Für die Mitteilung eventueller Fehler sind Autor und Verlag jederzeit dankbar.
Die Programme können – vollständig, teilweise und/oder in geänderter Form – gewerblich nur mit Zustimmung des Autors verwendet werden.

---

*) Bei gewerblicher Nutzung ist vorher die Genehmigung des möglichen Lizenzinhabers einzuholen.

Inhalt

1 Grundbegriffe **11**

1.1 Elektrische Signale 11
1.2 Signalübertragung 11
1.3 Analog – digital 12
1.4 Steuern und Regeln 15

2 Frequenzselektive Schaltstufen 22

2.1 Akustik-Fernsteuerung mit selektivem Relais 24
2.2 Ultraschallschranke 25
2.3 Frequenzselektive Steuerung mit IR-Signalübertragung 27
2.4 Infrarot-Vorverstärker als IC 29
2.5 Selektive Leistungsschaltstufen 30
2.5.1 Mit Bipolar-Leistungstransistor 30
2.5.2 Mit Power MOS-FET als Leistungsschalter 31
2.6 Frequenzselektive Servosteuerung 33

3 Fernschaltung einer Ablaufsteuerung 35

3.1 Die einzelnen Systemkomponenten 35
3.2 Der U/F-Umsetzer 37
3.2.1 Leitungsübertragung mit U/F-Wandler 42
3.3 Ablaufsteuerung mit F/U-Wandler und Komparatorkette 42
3.3.1 Die Leistungskomparatorkette 45
3.3.2 Optische Ablaufkontrolle 47
3.3.3 Eine Schaltungsvariante mit einem LED-Ansteuer-IC 47

3.3.4 Ansteuerbaustein für weitere Verbraucher 50
3.4 Steuerung mit Fensterspannungskomparator 52
3.5 Ein Sägezahngenerator als Programmgeber 55

4 Aktuatoren 58

4.1 Halbleiterrelais zum Schalten von Netzverbrauchern 58
4.2 Verbraucherstrom-Steuerung 60

5 Gleichstrom-Motorsteuerungen 62

5.1 Potentialfreies Ansteuern mit Optokoppler 62
5.2 Drehzahlsteuerung 63
5.3 Ansteuerung mit Brückenschaltung 64
5.4 Leistungsbrücke für Motorsteuerung 66

6 Schrittmotor-Steuerungen 70

6.1 Ein digitaler Aktor als Bindeglied zwischen Elektronik und Mechanik 70
6.2 Wie funktioniert ein Schrittmotor? Ein Impuls – ein Schritt 71
6.3 Der „Dreh“ mit dem Umpolen 73
6.4 Schrittgröße 74
6.5 Schrittmotore sind Langsamläufer 74
6.6 Die Steuerausgänge – die Stränge werden abwechselnd unter Strom gesetzt 75
6.7 Das Haltemoment 76
6.8 Konstantstrom 76
6.9 Drehrichtungsänderung 76
6.10 Allgemeine Angaben bei Schrittmotoren 77

7 Was bei der Mechanik wichtig ist 78

8 Ansteuerelektronik für Schrittmotoren 79

8.1 Die Ansteuerbaugruppe 79

8.2 Ansteuerung für 5-Draht-Schrittmotoren mit kleinerer Leistung 81
8.3 Ansteuerung für bipolare Motoren 85
8.4 Anwendungen 87
8.4.1 Einfache Ablaufsteuerung als Hardware (festverdrahtete Logik) 87
8.4.2 Ohne Takt läuft nichts 87

9 Steuerung mit PC's 89

9.1 Hard- und Software 89
9.2 Computer-Interfaces 90
9.3 Interface für drei Antriebe 90
9.3.1 Stückliste 95
9.3.2 Programmierung 95
9.4 Ein intelligentes Interface mit Einchip-Mikrocontroller 98
9.4.1 Interfacebetrieb ohne Computer („Stand alone"-Verwendung) 100
9.4.2 Mit anwenderspezifischem Programm 100
9.5 Schaltstufen für Computer-Interfaces 100

10 Software 102

10.1 „Teach in" heißt Anlernen 102

11 A/D- und D/A-Wandler 106

11.1 U/F-Wandler 106
11.2 F/U-Wandler 111
11.3 Stufenumsetzer 112
11.3.1 Ein einfacher Wandler mit Widerstandsnetzwerk 114
11.4 Wichtige Begriffe 117
11.5 Treppenstufenumsetzer als IC 122
11.5.1 Low cost A/D-Wandler 122
11.5.2 D/A-Wandler 125

12 Fernmeßübertragung 130

12.1 Sensorik 130
12.2 Meßwertübertragung durch LWL 133
12.3 Beleuchtungsstärke – Fernmessung 133
12.4 Temperaturmeßvorsatz 135
12.5 Sensor mit Meßverstärker und A/D-Umformer 136
12.6 Druck – Kraftmessung 137
12.7 Positionsmelder 138
12.8 Frequenz-Fernmessung 140
12.9 Magnetfeldmessung 141
12.10 Zweidraht-Meßwert-Fernübertragung 143
12.10.1 Übertragung von Druckmeßwerten 144
12.10.2 Mit Drücken elektronisch Schalten 148
12.10.3 Meßverstärker mit Stromausgang 149
12.10.4 Zweileiter-Transmitter mit Spannungskonverter 150

Literatur 152

Sachverzeichnis 153

1 Grundbegriffe

1.1 Elektrische Signale

Ein *elektrisches Signal* ist die Darstellung einer Nachricht oder Information durch eine elektrische Größe wie Spannung, Strom, die eine Funktion der Zeit sein kann. Zur Beschreibung eines Signals, welches die Nachricht enthält, dienen die *Signalparameter*. Solche Parameter sind z. B. die Größe einer Spannung, die Dauer eines Spannungsimpulses, der zeitliche Spannungsverlauf oder die Frequenz, mit der ein Signal übertragen wird.

Man unterscheidet bei der wert- und zeitabhängigen Darstellung eines Signals *wertkontinuierliche* und *diskrete* sowie zeitkontinuierliche und *zeitdiskrete* Signale *(Abb. 1)*. Ein wert- und zeitkontinuierliches Signal sind beispielsweise NF-Lautsprecherströme, wertkontinuierlich und zeitdiskret Pulsamplitudenmodulation von Sprachsignalen. Wertdiskrete und zeitkontinuierliche Signaldarstellung dienst z. B. der Anzeige eines Digitalvoltmeters. Wert- und zeitdiskrete Signale sind binäre Datensignale.

1.2 Signalübertragung

Die elektrische Signalübertragung befaßt sich – allgemein ausgedrückt – mit der fehlerfreien Übertragung eines elektrischen Signals, gleich welcher Signalform und Übertragungsgeschwindigkeit, zwischen zwei voneinander entfernten Orten über ein Übertragungsmedium einschließlich ihrer Aufbereitung und Modulation. Die Signalübertragung kann drahtgebunden oder drahtlos erfolgen.

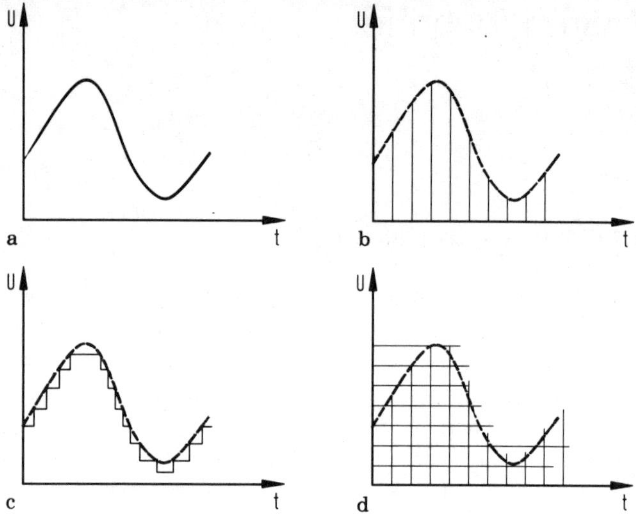

Abb. 1 Signalarten und -verarbeitung (z. B. Spannung); a) wert- und zeitkontinuierlich, b) wertkontinuierlich und zeitdiskret, c) wertdiskret und zeitkontinuierlich, d) wert- und zeitdiskret

Übertragungssystem (Abb. 2)

Ein unidirektionales, nach einer Richtung ausgerichtetes Übertragungssystem umfaßt alle Einrichtungen eines Übertragungsweges als Glieder einer Übertragungsstrecke von der Signalquelle (Sender) bis zur Signalsenke (Empfänger). Bei einem bidirektionalen Übertragungssystem erfolgt eine zweiseitige Übertragung.

1.3 Analog – Digital

Sie kann *analog* oder *digital* erfolgen. Bei der Analogtechnik kann die Ausgangsgröße entsprechend der Eingangsgröße prak-

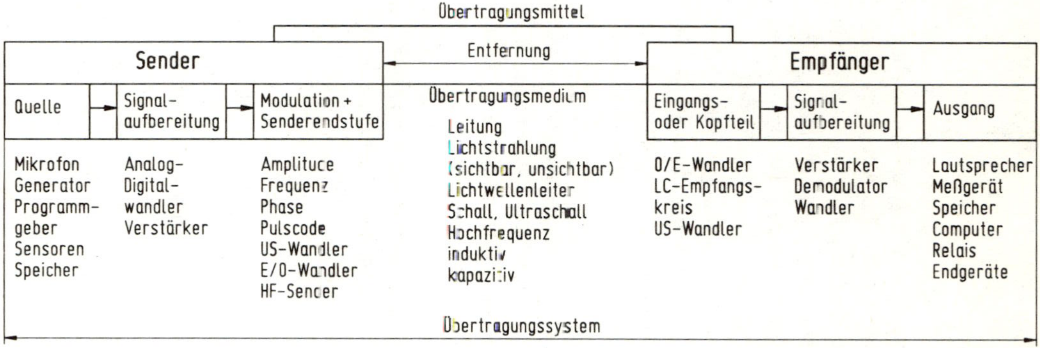

Abb. 2 Übertragungssystem

tisch jeden Wert zwischen Null und einer durch das Übertragungssystem begrenzten Maximalgröße annehmen. Sie kann analog der Eingangsgröße kontinuierlich zu- und abnehmen. Es besteht eine Proportionalität zwischen Ein- und Ausgangswert.

Bei der analogen Signalverarbeitung tritt das Problem auf, daß mit jeder Übertragungs- oder Bearbeitungsstufe die Qualität des Signals verschlechtert wird. Der Anteil der Störgeräusche nimmt zu, ebenso besteht die Gefahr der Signalverformung – verursacht durch Verstärkerrauschen, Brummüberlagerung, Bandbreitenprobleme und Nichtlinearitäten der aktiven Verstärkerelemente und Übertragungsglieder. Die Empfindlichkeit, Übertragungsqualität und Meßwertverarbeitung werden dadurch eingeengt. In solchen Fällen werden analoge Signale, welche von physikalischen Sensoren erfaßt werden, in digitale umgewandelt, weiterverarbeitet und wieder in analoge Größen durch D/A-Umformer umgewandelt.

Bei der digitalen Signalübertragung kann das Signal nur zwei Werte annehmen, nämlich Spannung vorhanden oder nicht, niedriges (Low) oder hohes Potential (High). Zwischenwerte gibt es nicht. Die Signalparameter eines solchen Signals enthalten eine Nachricht, Daten oder Steuerbefehle, welche nur aus einem oder einer Folge von Binärzeichen besteht. Signalverfälschungen können dabei innerhalb bestimmter Grenzen nicht auftreten, da der Informationsgehalt eindeutig durch die beiden möglichen Zustände zuordnungsbar ist. Außerdem sind verschlissene digitale Signale leichter zu regenerieren.

Ein Digitalsignal (DIN 44300) besteht aus einer endlichen, vorratsbegrenzten Anzahl diskreter Werte (Stufenzahl) als Signalparameter einer bestimmten Nachricht. Das digitale Signal ist daher wertdiskret. Die Anzahl der Werte wird als Stufenzahl bezeichnet und die Elemente, welche die Stufenzahl in zeitlicher Folge darstellen, *Signalelemente.* Digitalsignale sind daher auch zeitdiskret.

Da ein Digitalsignal nur zwei Zustände kennt, können durch Verwendung mehrerer solcher Schaltkreise ausreichend viele Kombinationen (Bitmuster) zur Darstellung digitaler Werte gebildet werden (hohe Auflösung). Die Informationen sind daher in Form von Impulsfolgen in Binärwerten darstellbar.

In der Elektronik sind die meist verwendeten Digitalsignale *Binärsignale*, die nur zwei Zustände einnehmen können. Seine Elemente heißen Binärelemente, in der Kurzform als *Bits* (kleinste digitale Informationseinheit) bezeichnet, welche man die Werte 0 und 1 zuordnet. Die Ziffern 0 und 1 stellen in digitalen Schaltungen die Logikzustände dar und in Kombination Informationsgrößen. Als Einheit für die speicherbare Anzahl der Binärelemente steht das *bit*. Die Anzahl der pro Zeiteinheit übertragbaren Binärelemente wird als *Bitrate* (bit/s) bezeichnet. Ein *Byte* ist ein digitales Wort, welches häufig aus Binärzeichen besteht (DIN 44300).

1.4 Steuern und Regeln

Steuerung

Ein *Steuersignal* ist ein „Befehl" zur gezielten Beeinflussung einer *Stellgröße*. Sie ist die Ausgangsgröße eines Steuersystems (z. B. Spannung, Strom). Eine *Steuereinrichtung* besteht aus einem Befehlsgeber (z. B. Taster), welcher einer *Führungsgröße* folgt (z. B. manuelle Betätigung eines Schalters) und durch ein Stellglied die Steuergröße (z. B. U, I, R) beeinflußt.

Wesentliches Merkmal ist dabei der *offene Wirkungsablauf* einer *Steuerungskette*, bei der trotz Einwirkung von Störgrößen die Steuergröße keine Rückwirkung auf die Führungsgröße ausübt. Die gesteuerte Größe wirkt nicht auf die Führungsgröße.

Die Bezeichnungen sind in der DIN 19226 festgelegt.

Man unterscheidet folgende Steuerungsarten:
Bei der *Führungssteuerung* folgt die Steuergröße der Führungsgröße (z. B. Sensor-Lampenhelligkeitssteuerung).

Von einer *Haltegliedsteuerung* spricht man dann, wenn die Führungsgröße den Steuervorgang bewirkt (Lampe ein/aus). Die Steuergröße (z. B. Lampenstrom) bleibt auch dann eingeschaltet, wenn kein Auslösesignal mehr vorhanden ist. Nur durch wiederholtes Einwirken der Führungsgröße wird ein neuer Schaltzustand erzielt.

Bei einer *Programmsteuerung* werden die Steuersignale gespeichert. Eine Ablauf- oder Folgesteuerung kann als Führungsgröße ein in Hardware fest installiertes Programm haben (z. B. Taktgenerator als Befehlsgeber einer Steuerlogik) oder ein softwareorientiertes Programm mit Hardware als befehlsgebende und verarbeitende Einrichtung (PC). Ein nach einer Software programmierter Microcontroller ist in der Lage, unabhängig von einem PC die Ablaufsteuerung zu übernehmen. Das Blockschaltbild *(Abb. 3)* zeigt die Bestandteile (Kettenglieder) einer elektronischen Steuerung.

Elektronische Steuerungen bestehen prinzipiell aus einem Eingabeteil, einem Befehls-Verarbeitungsteil und einem Ausgabe- bzw. Ausgangsteil. Dabei werden die Geber- bzw. Eingangs-

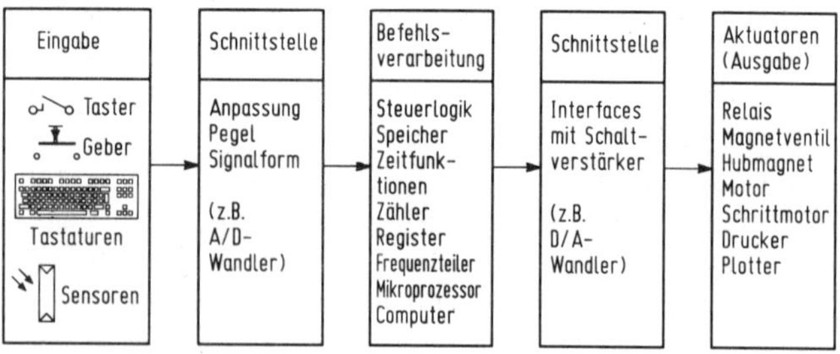

Abb. 3 Prinzipieller Aufbau einer elektronischen Steuerung

signale durch eine Eingangs-Schnittstelle bzw. Interface an die Befehls-Verarbeitungseinheit signalmäßig angepaßt. Genauso müssen die Ausgangssignale der Befehlsverarbeitung wieder über eine Anpassungsstufe (Interface) der „Ausgabe" zugeführt werden.

Regelung

Soll die auf eine Steuerung einwirkende Störgröße, welche eine Abweichung der ursprünglich eingestellten Steuergröße verursacht, eliminiert werden, so ist hierzu eine *Regelung* erforderlich. Diese dient dazu, den ursprünglich eingestellten *Sollwert* trotz des abweichenden *Istwertes* einzuhalten. Der vorgegebene Sollwert wird dabei laufend mit dem Istwert durch einen *Regelkreis* verglichen, wobei die Regelabweichung durch eine Rückkopplungsschleife auf das Regelsystem rückwirkt. Regelungen haben daher einen geschlossenen Wirkungsablauf *(Abb. 4)*.

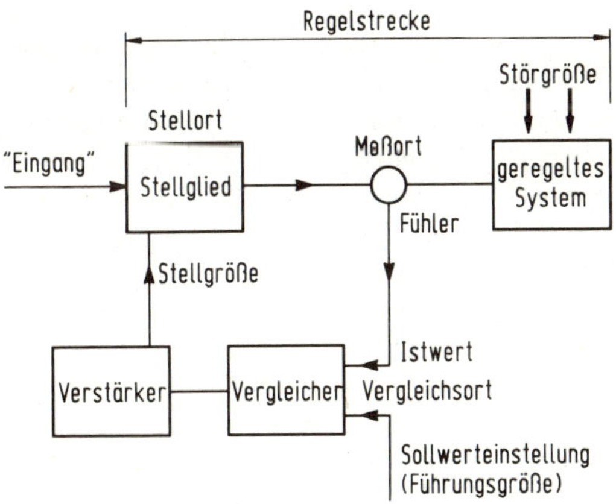

Abb. 4 Prinzipieller Aufbau eines Regelkreises

Die Störgröße bewirkt, daß der vorgegebene Sollwert von dem am Meßort vorhandenen Istwert abweicht. Eine Regelelektronik vergleicht beide Werte und die dabei festgestellte Differenz, d. h. die *Regelabweichung* wird zum Ausgleich der Störgröße einem *Stellglied* als *Stellgröße* zugeführt. Damit wird die Störgröße ausgeglichen.

Die Regelelektronik besteht prinzipiell aus einem Fühler für den Istwert, einem Vergleicher zwischen Ist- und vorgegebenem Sollwert, einem Verstärker zur Gewinnung eines ausreichenden Stellsignals und dem Stellglied. Damit ist der Regelkreis geschlossen. Nach der Art, wie ein Regler auf die Störgröße reagiert, d. h. die Antwort ausfällt, unterscheidet man zwei Grundtypen: Unstetige und stetige Regler. Ein *unstetiger Regler* ist im einfachsten Fall ein Zweipunktregler, der beispielsweise die Heizung bei Unterlaufen des eingestellten Sollwertes einschaltet und bei Wiedererreichen des vorgegebenen Sollwertes ausschaltet. *Stetige Regler* sind beispielsweise *P-Regler* (Proportionalregler), welche die Ausgangsgröße proportional zur Eingangsgröße regeln. Eine geringe Regelabweichung läßt sich jedoch nicht vermeiden.

Zu den weiteren Reglerausführungen zählen der *I-Regler* (Integralregler), der zwar langsamer auf eine Regelabweichung reagiert, jedoch keine Rest-Regelabweichung zuläßt. Beim sog. *D-Regler* handelt es sich um einen Differentialregler, bei dem die Stellgröße proportional zur Änderungsgeschwindigkeit der Regelabweichung ist. Kombinationen aus den drei Regler-Grundtypen werden zur Optimierung von Regelelektronik bei bestimmten Anwendungen (PI-, PD-, PID-Regler) verwendet.

Die Regler-Kennlinien, d. h. die Art des zeitlichen Ablaufs eines Reglervorganges, wie eine Reglerabweichung bei verschiedenen Reglern ausgeregelt wird, zeigen die *Abb. 5a–g* (dynamisches Verhalten von Reglern).

Die prinzipielle Ausführung elektronischer Regler mit Operationsverstärker zeigt *Abb. 6*.

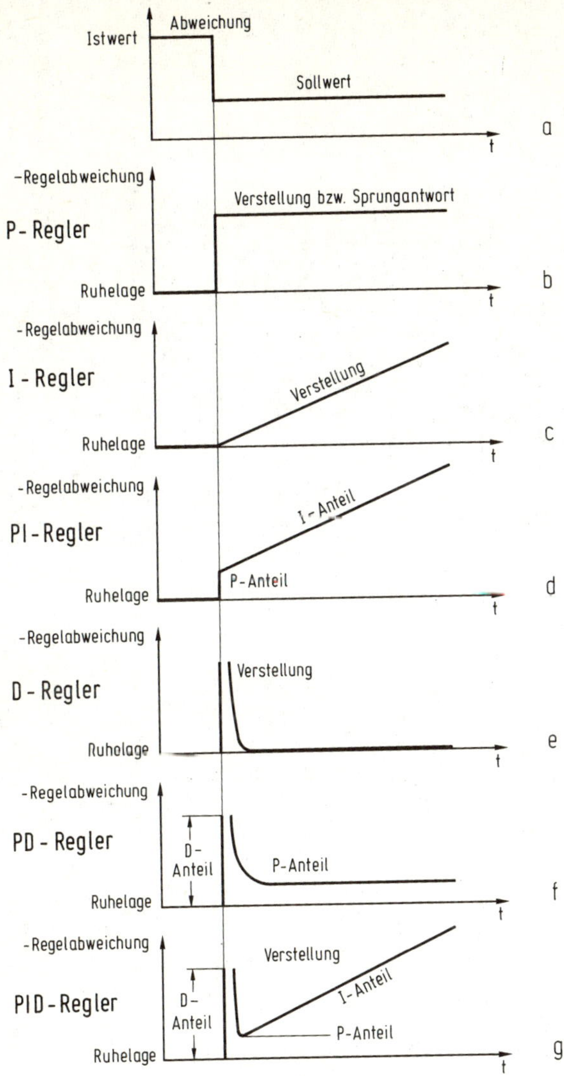

Abb. 5 Regler-Kennlinien

Abb. 6

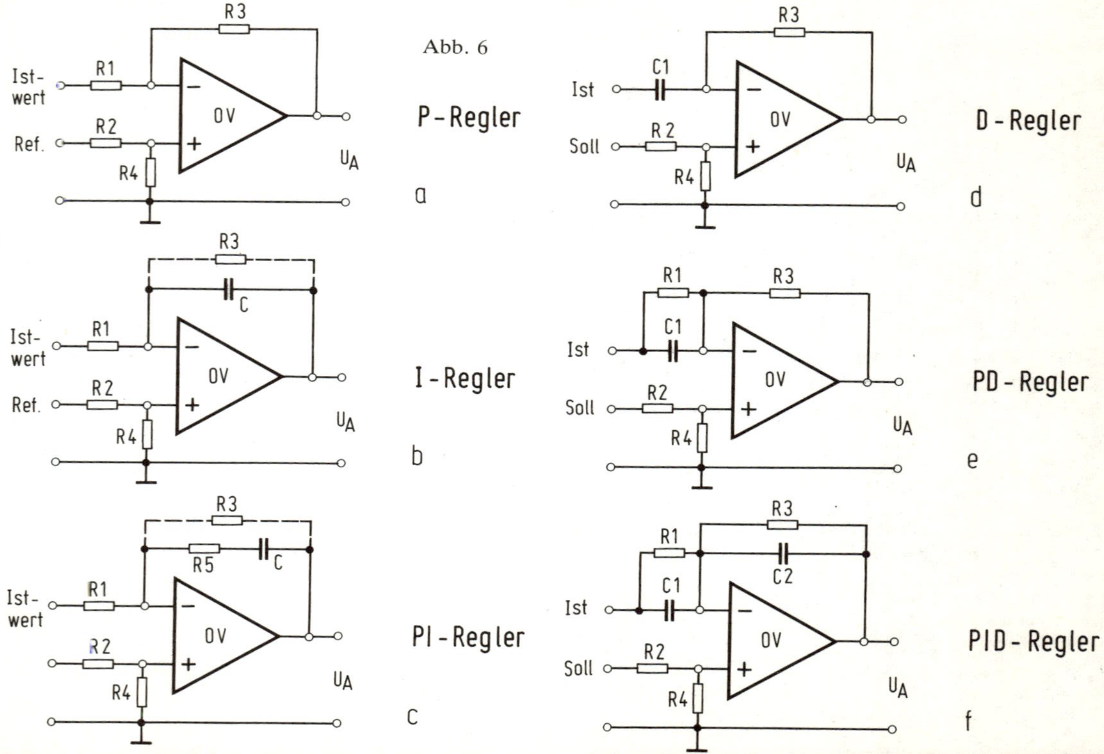

Ist-wert
Ref.
R1
R2
R3
R4
OV
U_A
P-Regler
a
Ist-wert
Ref.
R1
R2
R3
R4
C
OV
U_A
I-Regler
b
Ist-wert
R1
R2
R3
R4
R5
C
OV
U_A
PI-Regler
c
Ist
Soll
C1
R2
R3
R4
OV
U_A
D-Regler
d
Ist
Soll
R1
C1
R2
R3
R4
OV
U_A
PD-Regler
e
Ist
Soll
R1
C1
R2
R3
C2
R4
OV
U_A
PID-Regler
f

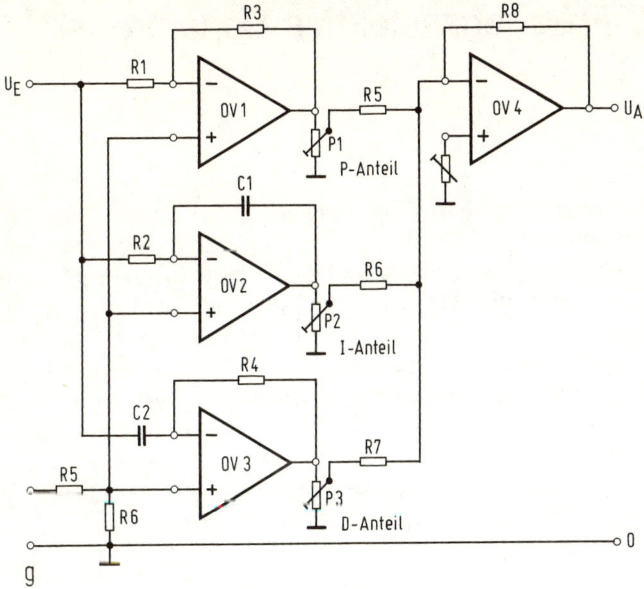

Abb. 6 Prinzipschaltungen der elektronischen Regler mit Operationsverstärker (a–g).

Bei der Abb. 6g werden zur optimalen Ausregelung bzw. Anpassung PID-Regler verwendet, deren Ausgangssignale durch einen Summierer zusammengefaßt werden. Der Regler ist daher in der Lage, auf eine Regelabweichung optimal zu reagieren.

2 Frequenzselektive Schaltstufen

Mit frequenzselektiven Schaltstufen lassen sich sehr vielseitige Ablaufsteuerungen realisieren, deren zeitliche Folge programmierbar ist. Wesentlich ist, daß diese Schaltstufen nur mit einer ganz bestimmten Frequenz aktivierbar sind bzw. ansprechen. Dabei ist es gleichgültig, ob die steuernde Tonfrequenz von einem Tongenerator, einem Cassettenrecorder oder von einem drahtgebundenen oder drahtlosen Fernsteuersystem herstammt. Auch die Steuersignalübertragung mittels Lichtwellenleiter bei magnetisch stark verseuchten Räumen wird hierzu angewandt.

Bei der selektiven Relais-Schaltstufe nach *Abb. 7* ist ein Steuersignal mit einem Pegel von ca. 30...50 mV_{eff} erforderlich, welches frequenzmäßig mit der Ansprechfrequenz der Relais-Schaltstufe übereinstimmt. Mit dem Einstellpotentiometer sind Steuerfrequenzen von ca. 4 bis 100 kHz selektiv wählbar.

Schaltungseinzelheiten

Die Relais-Schaltstufe ist mit einer PLL-Schaltung als Tondecoder aufgebaut. Die hohe Selektivität und die geringe Anfälligkeit des Tondecoders gegen breitbandige Störimpulse erhöht seine Schaltzuverlässigkeit, die für einfachere Anwendungen bei üblichen elektrischen Umweltbedingungen meistens ausreicht. Der Einrast- bzw. Fangbereich trägt gleichfalls zur Schaltzuverlässigkeit bei Auftreten eines Drifts bei. Vorteilhaft ist auch der bescheidene Bauteileaufwand und die leichte Realisierbarkeit.

Selektivität durch Frequenzvergleich

Als Tondecoder wird der NE567 von Signetics verwendet, welcher auch von anderen Herstellern (z. B. LM567 von NS) ge-

Abb. 7 Frequenzselektive Relaisschaltstufe

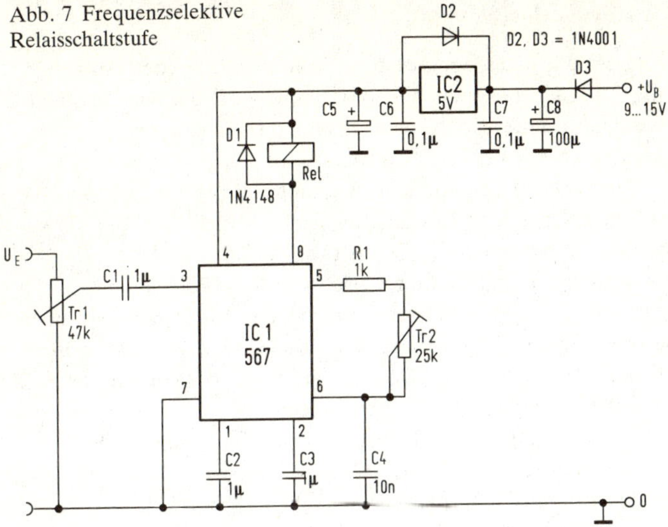

liefert wird. Die prinzipielle Funktion des Tondecoders ist bekannt. Er vergleicht die zugeführte Signalfrequenz mit der Oszillatorfrequenz seines VFO. Die Frequenz des integrierten VFO ist extern durch die Bauteile R und C festlegbar nach der Formel $f_0 = \frac{1}{1{,}1 \times (R1 + TR2) \times C4}$. Stimmen bei dem Frequenzvergleich das externe Steuersignal mit dem VCO-Signal überein, so wird ein ebenfalls integrierter Schalttransistor mit offenem Kollektorausgang (Pin 8) durchgeschaltet, welcher das im Kollektorkreis befindliche Relais direkt schaltet. Der maximal zulässige Schaltstrom beträgt 100 mA. Die Freilaufdiode D1 schützt den Schalttransistor gegen Selbstinduktionsspannungen, die beim Abschalten auftreten. Verwendung findet ein 5-V-Relais mit einem Spulenwiderstand von ca. 100…300 Ω, wobei der Kontaktsatz sich nach der Schaltfunktion richtet. Die Betriebsspannung von 5 V wird durch einen 5 V/0,15 A Spannungsregler stabilisiert, der gegen Inversionsspannungen durch die Diode D2 geschützt ist.

Um ein günstiges Temperaturverhalten zu erreichen, sollten für die frequenzbestimmenden Bauteile Metallfilmwiderstände, Keramiktrimmerwiderstände (Cermet-Trimmer) und Styroflexkondensatoren verwendet werden.

Die Eingangsempfindlichkeit ist mit TR1 so einzustellen, daß bei ausreichendem Eingangspegel eine möglichst hohe Trennschärfe zu benachbarten Frequenzen vorhanden ist.

Bei Verwendung mehrerer selektiver Relais-Schaltstufen *(Abb. 11)* sollten die verschiedenen Steuersignalfrequenzen mit einem ausreichenden Frequenzabstand zueinander verteilt werden. Dabei sollten die Einzelfrequenzen in einem nicht ganzzahligen Verhältnis zueinander stehen wegen möglicher geberseitigen Oberwellenbildung, die Fehlschaltungen verursachen können.

Beispiel: Schaltstufe 1 f_1 = 9 kHz, Schaltstufe 2 f_2 = 13 kHz, Schaltstufe 3 f_3 = 19 kHz, Schaltstufe 4 f_4 = 22 kHz.

Abgleich

Der Abgleich erfolgt mit Hilfe eines Tongenerators. Bei der gewählten Steuerfrequenz wird der Frequenztrimmer TR2 so gedreht, bis das Relais sicher, das heißt ohne zu flattern, anzieht. Mit TR1 wird dann der am Eingang anliegende Signalpegel so reduziert, daß das Relais gerade noch – aber sicher – anzieht (Trennschärfenoptimierung).

2.1 Akustik-Fernsteuerung mit selektivem Relais

Eine akustische Fernsteuerung mit „hörbarem Schall" ist unter Verwendung eines Audio-Mikrofons und einer Mikrofon-Vorstufe IC1 (nach Abb. 8) möglich. Durch die Dimensionierung des Fußpunkt-Kondensators C3 ist die frequenzabhängige Vorverstärkung zugunsten der höheren Frequenzen ausgelegt.

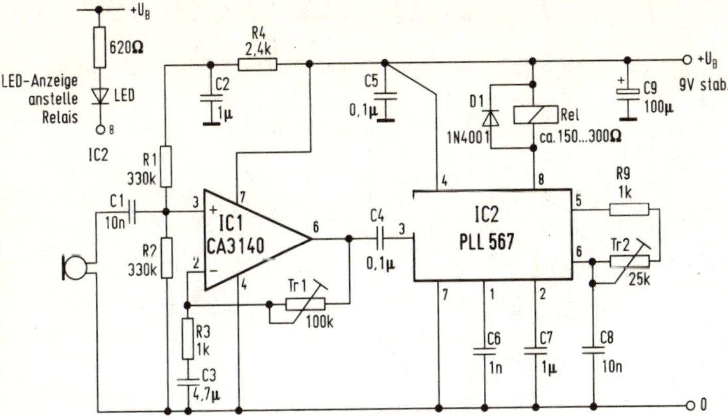

Abb. 8 Akustik-Fernsteuerung mit PLL-Decoder

Die untere Grenzfrequenz wird durch R3 und C3 bestimmt $\left(f_u = \dfrac{1}{2\pi\left(\dfrac{R3}{C3}\right)}\right)$. Als Tongeber kann auch ein Musikinstrument verwendet werden oder gar ein „Pfiff". Töne im Oktavabstand sind jedoch wegen der Bildung von Harmonischen, die Fehlschaltungen verursachen können, zu vermeiden. Ein oberwellenarmer Sinuston ist zu empfehlen.

2.2 Ultraschallschranke

Eine Ultraschallschranke für Raumüberwachungs- oder Zählzwecke, Türsteuerung ist oft gefragt. Hierzu wird als U-Schallgeber der Sender nach Abb. 9 verwendet. Der Empfänger besteht aus einer Ultraschall-Empfangsstufe nach Abb. 8 mit IC1. Die Signalauswertung erfolgt durch die frequenzselektive Leistungs-

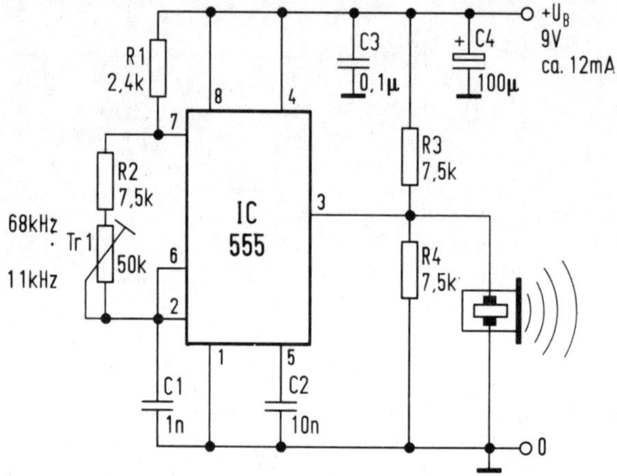

Abb. 9 Ultraschallsender (Geber)

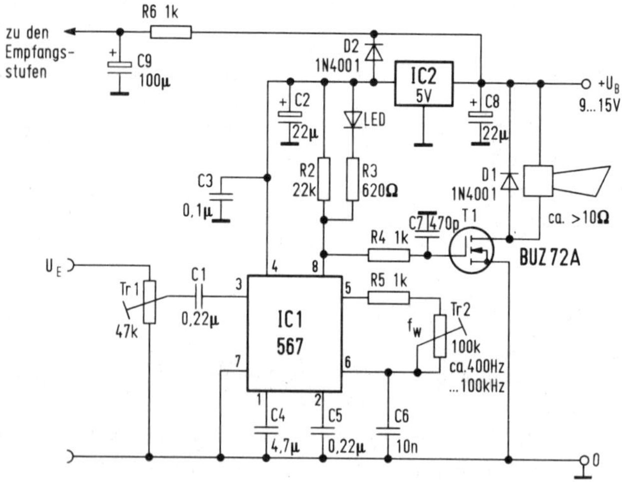

Abb. 10 Leistungsschaltstufe

schaltstufe nach *Abb. 10*. Solange die vom Sender abgestrahlten Ultraschallwellen zum Empfänger gelangen, der frequenzmäßig auf den Sender abgestimmt ist, schaltet die Indikatorstufe des PLL-Decoders mit LED durch, so daß die grüne LED den Normalzustand anzeigt. Der Schalttransistor sperrt. Bei Unterbrechung des vom Sender auf dem Empfänger gerichteten Ultraschallstrahles oder starker Dämpfung durch ein Objekt erhält der Tondecoder kein ausreichendes Eingangssignal, so daß die Schaltstufe mit dem Open-Kollektorausgang, Pull-up-Widerstand R2,3 und LED sperrt. Die LED erlischt und das Gate des N-Kanal-Power MOS-Transistors erhält eine ausreichend positive Gate-Source-Spannung, so daß die Drain-Sourcestrecke leitend wird und einen Verbraucher (z. B. Sirene) schaltet.

2.3 Frequenzselektive Steuerung mit IR-Signalübertragung

Mit frequenzselektiven Schaltstufen können in Verbindung mit geeigneten Übertragungsmitteln mehrkanalige Fernsteuersysteme aufgebaut werden.

Das Schaltbild (*Abb. 11*) zeigt ein einfaches IR-Fernsteuersystem zur empfängerseitigen Steuerung von zwei Schaltfunktionen. Für weitere Schaltfunktionen braucht man nur die Anzahl der selektiven Schaltstufen und Steuerfrequenzen erweitern.

Als Steuerteil bzw. Kommando- oder Frequenzgeber ist ein Oszillator mit manueller Befehlseingabe (Taster 1 und 2, Abb. 11) oder für eine Ablaufsteuerung ein programmierbarer Oszillator verwendbar. Je nach Zweckmäßigkeit können die Steuerbefehle durch einen Infrarotsender oder über ein LWL-Übertragungssystem dem Empfänger mit Auswertelektronik übertragen werden.

Als IR-Sender wird ein als astabiler Multivibrator beschalteter Timer 555 verwendet, der die IR-LED treibt. Die rechteckför-

Abb. 11 IR-Zweikanal-Fernsteuerung mit Sender und Empfänger mit frequenzselektiven Schaltstufen

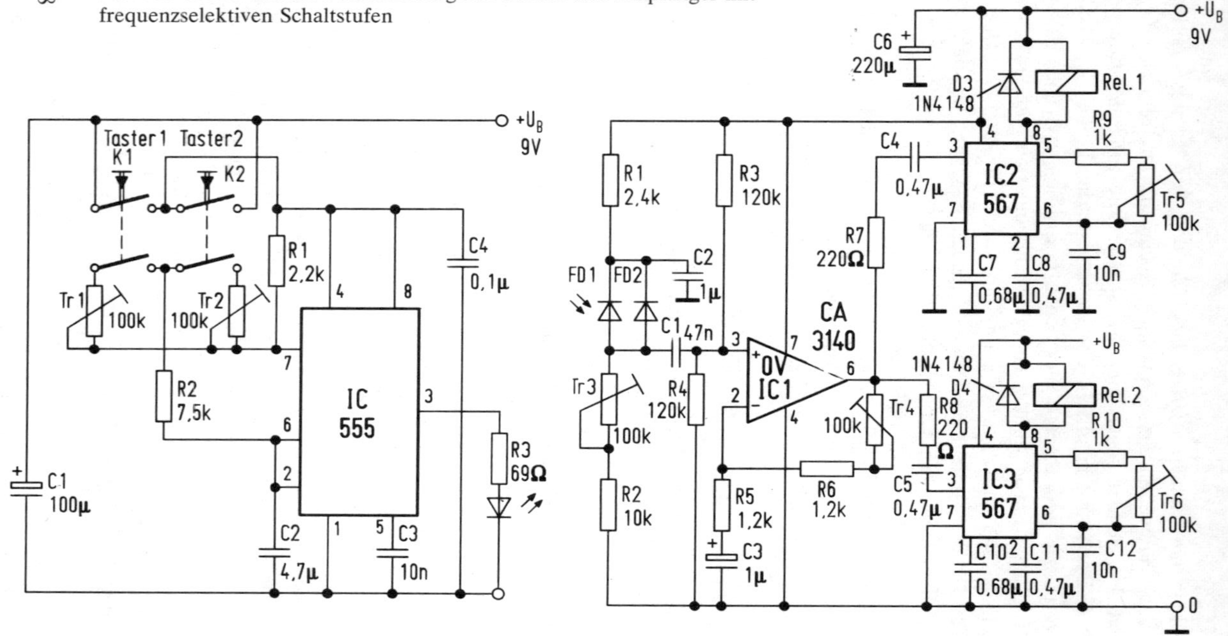

mige Oszillator-Sendefrequenz ist durch manuelle Betätigung der Taster wählbar. Der Sender ist nur bei gedrückter Taste in Betrieb. Jeder der beiden Steuerbefehle hat eine eigene Frequenz mit ausreichendem gegenseitigen Frequenzabstand (K1, K2 z. B. 8 und 15 kHz), die mit TR1 und TR2 zusammen mit den empfängerscitig entsprechend zugeordneten Schaltstufen Rel1 (TR5) und Rel2 (TR6) aufeinander abgeglichen werden. Der optimale Verstärkungsabgleich des IR-Empfängerkopfteils wird mit TR3 und TR4 (Verstärkung) durchgeführt.

2.4 Infrarot-Vorverstärker als IC

Eine integrierte Bipolarschaltung als Empfänger-Vorverstärker für digitale Signale bzw. IR-Fernbedienungssysteme zeigt *Abb. 12*. Der TBA2800 von Intermetall ITT enthält einen *geregelten* Vorverstärker, einen Zwischenverstärker sowie einen Trennverstärkern und Inverter. Der Vorverstärker hat einen großen Dynamikbereich und ermöglicht einen störungsfreien Betrieb auch bei

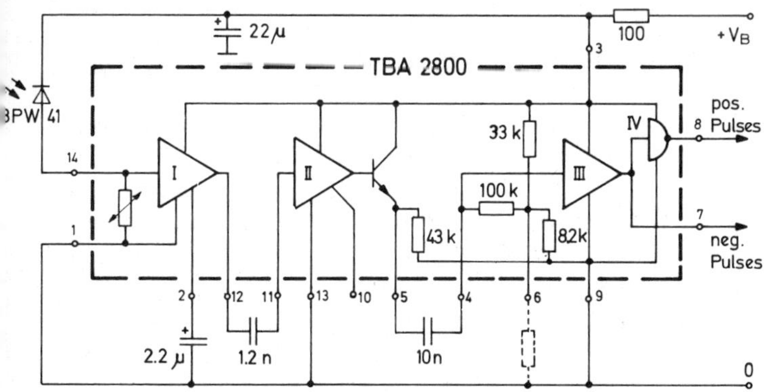

Abb. 12 IR-Empfänger-Vorverstärker TBA2800 (ITT)

großer Raumhelligkeit oder unter Einwirkung von Infrarot-Fremdlicht (50-Hz-Licht, IR-Tonübertragung). Auch bei kurzen Abständen zwischen IR-Sender und Empfänger treten Störungen durch empfängerseitige Übersteuerung praktisch nicht auf.

Der Zwischenverstärker dient zur Signal-Weiterverstärkung und der Trennverstärker trennt das Nutzsignal vom Rauschen. Mit Hilfe des Inverters stehen gleichzeitig zwei zueinander komplementäre Ausgangssignale zur Weiterverarbeitung zur Verfügung (negative und positive Ausgangsimpulse).

2.5 Selektive Leistungsschaltstufen

Zur Steuerung von Leistungsverbrauchern wie Schaltschütze, Motoren, Magnetventile, Lampen sind entsprechend höhere Schaltleistungen erforderlich.

Als Leistungs-Schaltelement sind hierzu bipolare Leistungs-Schalttransistoren wie auch unipolare Power-MOS-Transistoren geeignet.

2.5.1 Mit Bipolar-Leistungstransistor

Die *Abb. 13* zeigt eine frequenzselektive Leistungs-Schaltstufe zum Steuern eines Motors als Leistungsverbraucher. Den hierzu erforderlichen Basis-Signalstrom liefert der Open-Kollektorausgang der Kleinleistungs-Schaltstufe des PLL-Decoders. Als Pull-up-Widerstand wird R1, R2 in Serie mit einer LED verwendet, welche den Schaltzustand anzeigt und beim Durchschalten aufleuchtet. In diesem Fall erhält der pnp-Schalttransistor Basisstrom und durch den leitenden Zustand wird der Motor eingeschaltet und läuft, solange der Tondecoder ein frequenzübereinstimmendes Steuersignal erhält. Als Schalttransistoren eignen

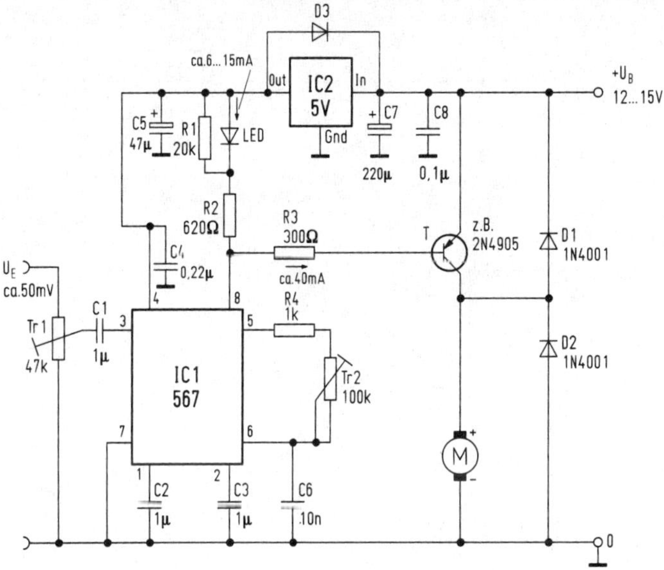

Abb. 13 PLL-Decoder-Schaltstufe mit pnp-Leistungstransistor

sich besonders Ausführungen mit hohen Schaltgeschwindigkeiten und niedriger Sättigungsspannung.

2.5.2 Mit Power-MOS-FET als Leistungsschalter *(Abb. 14)*

Zum spannungsgesteuerten Schalten hoher Ströme bzw. mit extrem geringer Steuerleistung eignen sich besondere selbstsperrende Feldeffekttransistoren, deren Verlustleistung durch den geringen Kanalwiderstand im „Ein-Zustand" im Milliohmbereich sehr gering ist. Außerdem haben MOS-FETs kurze Schaltzeiten,

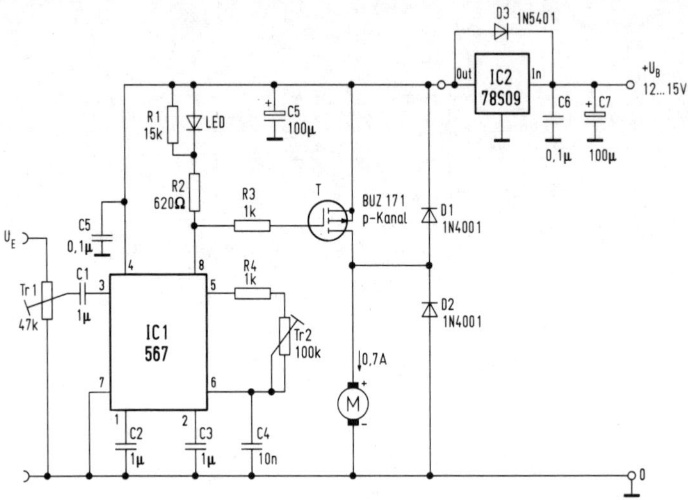

Abb. 14 Frequenzselektiver Leistungsschalter mit POWER-MOS-Transistor

keine Speicherzeit, hohe Grenzfrequenz und sind ziemlich überlastungssicher, da diesen kein „second Break down“ anhaftet.

Zur Erhöhung der Schaltleistung sind diese durch einfache Parallelschaltung kaskadierbar, wobei der negative Temperaturbeiwert für Leistungsausgleich und damit eine gleichmäßige Verlustwärmeverteilung durch Erhöhung des Kanalwiderstandes bei Erwärmung durch höhere Ströme sorgt.

Die Schaltverluste am MOS-FET sind von Strom, Spannung und Frequenz sowie auch der Art des Verbrauchers abhängig. Wegen des geringen ON-Widerstandes des Drain-Sourcekanals, der fehlenden Speicherzeit und der hohen Schaltgeschwindigkeit sind diese teilweise vernachlässigbar.

Schaltungstechnisch sollten zur Vermeidung von Schwingungen durch die hohe Schaltgeschwindigkeit Entkopplungswiderstände in die Gateleitungen – die so kurz wie möglich sein müssen – eingeführt werden. Die Verwendung von zusätzlichen Gate-Ableitungskondensatoren verlangsamen die Schaltgeschwindigkeit und dienen häufig der Stabilisierung durch Vermeidung von Schwingneigungen. Zur Absicherung gegen zu hohe Gate-Source bzw. Gate-Drainspannungen, die zu Durchbrüchen führen können, werden Zenerdioden als Schutzdioden verwendet.

2.6 Frequenzselektive Servosteuerung

Ein Regelsystem zur Steuerung eines Stellmotors zeigt *Abb. 15*. Sollwertgeber ist ein Tongenerator, welcher das frequenzvariable Steuersignal liefert. Istwertfühler ist ein Potentiometer (P2), welches die VCO-Frequenz bestimmt. Das durchlaufende Potentiometer ist mit dem Stellmotor mechanisch gekoppelt und für einen exakten Abgleich meist hoch untersetzt.

Ist der Frequenzunterschied zwischen Steuerfrequenz und VCO-Frequenz gleich 0, rastet der PLL-Decoder ein und der Leistungstransistor sperrt (bei T=n-Kanal-Transistor).

Besteht zwischen der Steuersignalfrequenz und der VCO-Frequenz ein Frequenzunterschied, so läuft der Motor der Steuersignal-Frequenzänderung so lange nach, bis der Istwert dem Sollwert entspricht. Bei der Schaltung nach *Abb. 15* kann ein Tongenerator mit einer variablen Frequenz von ca. 800 Hz...9,5 kHz als Steuergerät verwendet werden. Bei Verwendung eines p-Kanal-Transistors ist der Schaltverlauf umgekehrt. Die Drehrichtung des Motors ist aber immer gleich.

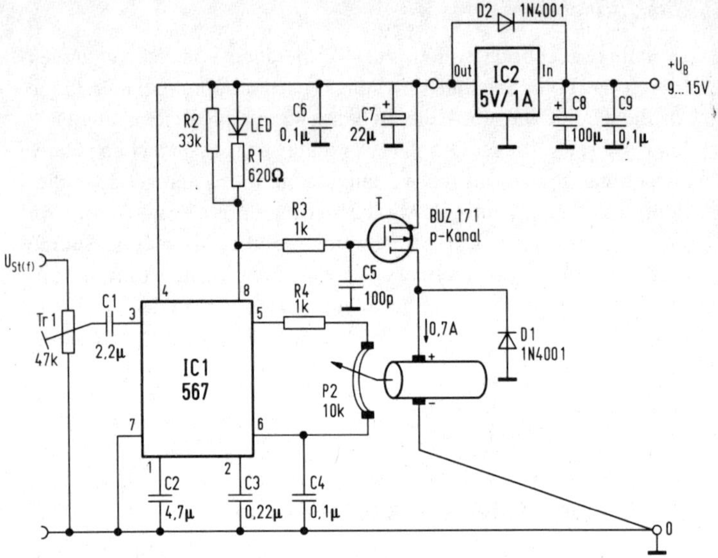

Abb. 15 Servosteuerung mit PLL-Schaltung

3 Fernschaltung einer Ablaufsteuerung

Ablaufsteuerungen dienen der Automatisierung eines bestimmten Schalt-Ablaufprogrammes. Daher wird diese auch als Folge- oder Programmsteuerung bezeichnet. Der schrittweise Ablauf kann in seiner zeitlichen Folge festgelegt werden (Zeitplansteuerung). Der Ablauf kann auch von logischen Verknüpfungen (z. B. Rückmeldung) der einzelnen Funktionsglieder abhängig gemacht werden. Eine einfache, über LWL fernschaltbare Ablaufsteuerung, bei der bestimmte Verbraucher Schritt für Schritt durch ein elektronisches Schrittschaltwerk zu steuern sind, zeigt das Blockschaltbild *Abb. 16*.

3.1 Die einzelnen Systemkomponenten

Als Programmgeber *(Abb. 17)* wird ein im gleichen zeitlichen Ablauf und in der Schaltstufenfolge frei programmierbarer Spannungsgeber verwendet. Der Ablauf-Programmgeber besteht aus einem Timmer 555, der als astabiler Multivibrator den Takt des

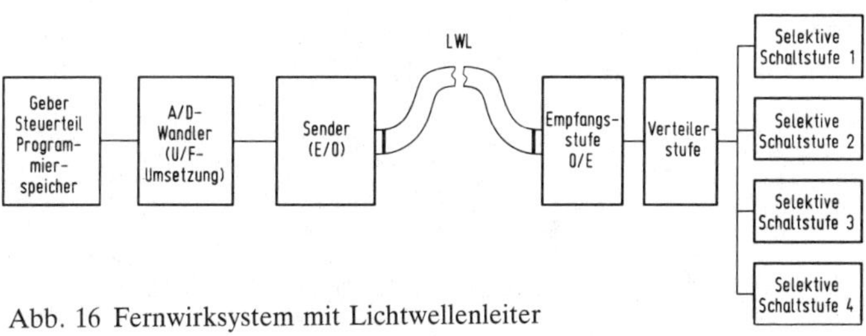

Abb. 16 Fernwirksystem mit Lichtwellenleiter

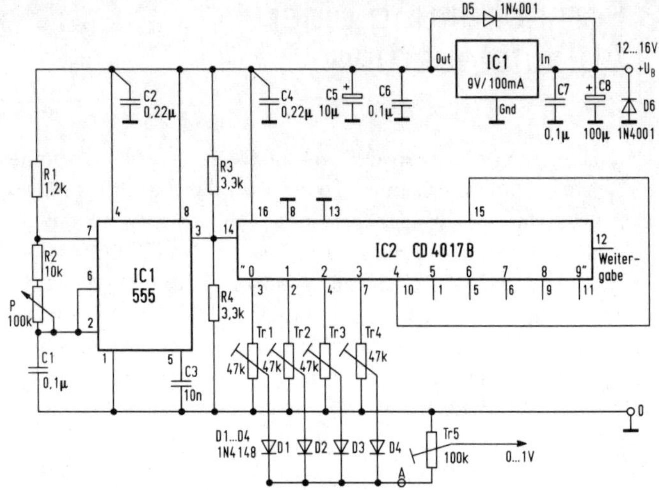

Abb. 17 Programmierbarer Spannungsgeber für Ablaufsteuerung

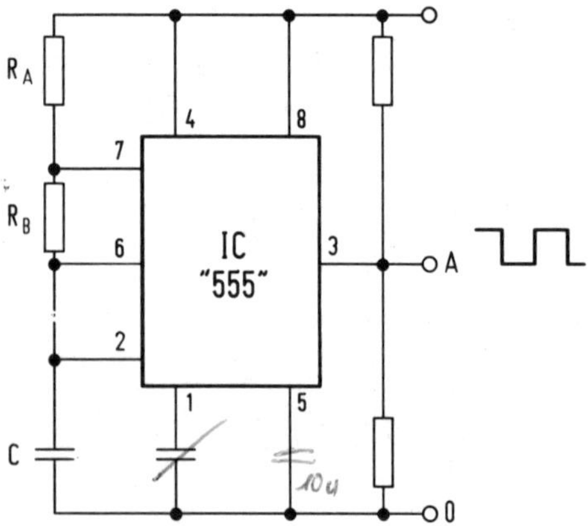

Abb. 18 Zur Bestimmung der Taktfrequenz, Tastverhältnis, Schwingungsdauer

elektronischen Schrittschalter-ICs bestimmt. Die Taktfrequenz ist von ca. 250 Hz…5 kHz mit P einstellbar. Die Werte der zeitbestimmenden Bauelemente errechnen sich aus *(Abb. 18)*:

Tastverhältnis $t1 = 0{,}693\ (RA + RB)\ C$

$t2 = 0{,}693\ (RB)\ C$

Schwingungsdauer $T = 0{,}693\ (RA + 2\ RB)\ C$

Frequenz $f = \dfrac{1{,}44}{(RA + 2\ RB)\ C}$

Die Ausgänge des CMOS-Zählerbausteines CD 4017 werden dabei durch den Taktgenerator nacheinander angesteuert, wobei lediglich jeweils nur der angesteuerte Ausgang H-Signal führt. In der Schaltung nach Abb. 17 wird durch Verbinden des Ausganges 10 mit dem Reset-Eingang 15 eine ständige Wiederholung der Ablauffolge nach dem 4. Ausgang erreicht. Der Schrittschalter hat insgesamt 10 Schaltstufen und ist im Bedarfsfall durch Verbinden des Carry-out-Anschlusses (Übergabe Pin 12) mit dem Clock-Eingang eines weiteren CD4017 (Pin 14) erweiterbar.

Der jeweils mit einem H-Signal aktivierte Ausgang liefert eine von der Einstellung des Spannungsteilers TR abhängige Spannung, welche um die Durchlaßspannung der Diode gemindert über einen zweiten Spannungsteiler mit TR5 als Gleichspannungssignal dem Analog-Digitalwandler zugeführt wird. Die Dioden D1–4 dienen zur Entkopplung der einzelnen Spannungsteiler, so daß jeweils nur der bei „High" wirksame Spannungsteilerwert das Ausgangs-Gleichspannungssignal an Punkt A bestimmt. Die maximal verwertbare Ausgangsspannung beträgt 1 V für optimale Anpassung an den A/D-Wandler (U/F-Umsetzer).

3.2 Der U/F-Umsetzer

Das Gleichspannungs-Steuersignal wird über das Gesamt-Pegelabgleichpotentiometer TR5 einem Analog-Digitalumsetzer zuge-

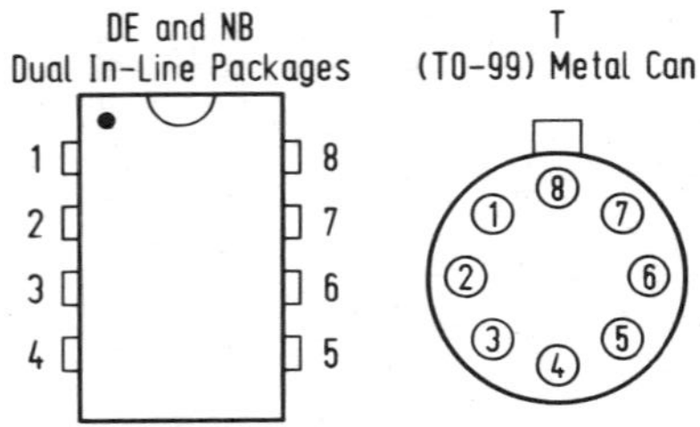

Pin	Function
1	Switched current source output (I_0)
2	Switched voltage reference (R_S)
3	Logic output (open collector) (F_0)
4	Ground (Gnd)
5	One-shot R, C timing (C_0)
6	Threshold (V_{TH})
7	Input voltage (V_{IN})
8	$+V_S$

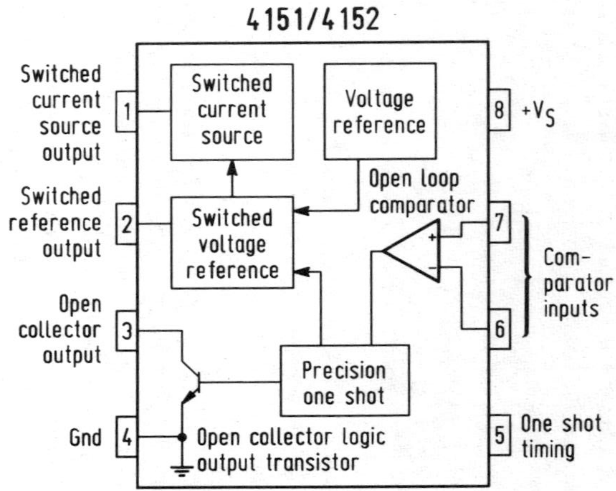

Abb. 19 Blockschaltbild U/F-Umsetzer RC4151 (Raytheon)

führt. Der A/D-IC RC4151 ist ein Spannungs-Frequenzumsetzer (Voltage to Frequency Converter), der an seinem Ausgang eine dem Eingangs-Gleichspannungssignal entsprechende rechteckförmige Frequenz liefert. Es besteht dabei absolute Proportionalität zwischen der Höhe des Eingangssignals und der Frequenz des rechteckförmigen Ausgangssignals.

Die Innenschaltung des Spannungs-Frequenzkonverters zeigt *Abb. 19* (Raytheon). Dieser enthält einen Komparator, ein Präzisions-Monoflop, eine Spannungsreferenz, Stromquelle sowie einen Open-Collektor-Ausgangstransistor. Die prinzipielle Funktionsweise zeigt *Abb. 20.* Wenn die Eingangsspannung am Anschluß 7 höher ist als die Spannung an Pin 6, so schaltet der Komparator und triggert das Monoflop. Bei Anstoßen der monostabilen Kippschaltung geschehen zwei Dinge (Integration und Rücksetzen): Das Monoflop lädt in der durch die RC-Glieder festgelegten metastabilen Phase (Zeit) den Kondensator mit einem exakt bestimmten Konstantstrom. Je höher die an Pin 7 anliegende Eingangsspannung ist, desto schneller wird der Integrationskondensator entladen und der Komparator zur Einleitung eines neuen Ladevorganges veranlaßt.

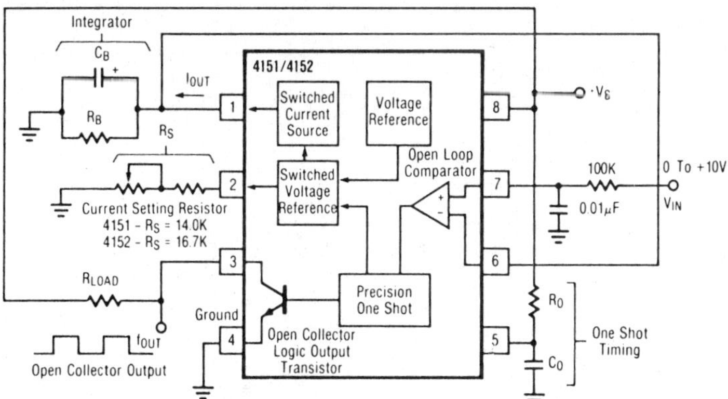

Abb. 20 Beschaltung des IC als U/F-Umsetzer

Bei der Dimensionierung nach *Abb. 21* wird eine Eingangsgleichspannung von 0…1 V in eine Ausgangsfrequenz von 0 bis 10 kHz umgesetzt. Der Umsetzfaktor beträgt dabei

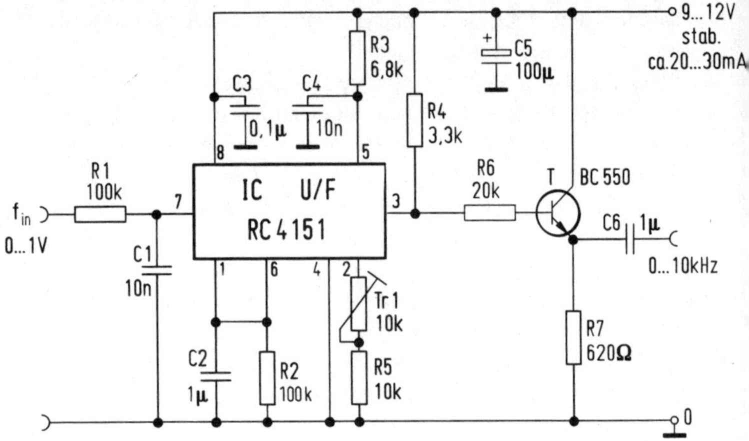

Abb. 21 U/F-Umsetzer (0…1 V/0…10 kHz)

Abb. 22 LWL-Sende-endstufe

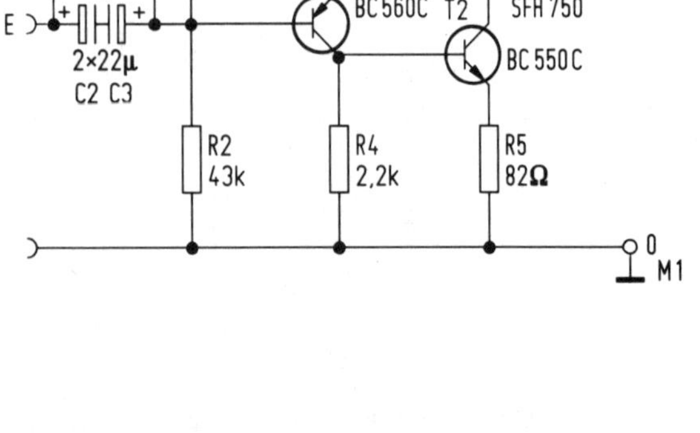

1 kHz/V (R_o = 6,8 kΩ, C_o = 10 n, C_B = 1 µF, R_B = 100 kΩ). Soll das Eingangs-Gleichspannungssignal von max. 1 V in Frequenzen von 0...1 kHz oder 0...100 kHz umgesetzt werden, so gelten hierfür folgende Dimensionierungen nach Abb. 20:

	R_o	C_o	R_B	C_B	Skalenfaktor
0...1 kHz	6,8 k	0,1 µ	100 k	10 µF	100 Hz/V
0...100 kHz	6,8 k	1 n	100 k	0,1 µF	10 kHz/V

Mit dem rechteckförmigen Ausgangssignal wird die Lichtsendestufe (nach Abb. 22) intensitätsmäßig moduliert und durch den Lichtwellenleiter dem O/E-Wandler der Empfangsstufe mit Schaltteil *(Abb. 23)* zugeführt. Die zweistufige Sendeschaltung eignet sich sowohl für Analog- wie auch Impulsmodulation, da der Arbeitspunkt durch den Spannungsteiler R1 und R2 so festgelegt ist, daß ein mit TR einstellbarer Ruhestrom durch die LED fließt. Bei analoger Ansteuerung reicht der Frequenzbereich bis über 100 kHz und bei digitaler Modulation bis über 20 kHz ohne besondere Signal-Verformung. Die elektro-optische Umwandlung erfolgt durch die PIN-Diode SFH750 (Siemens), welche als LWL-Bauelement die optische Strahlung in den Lichtwellenleiter einspeist.

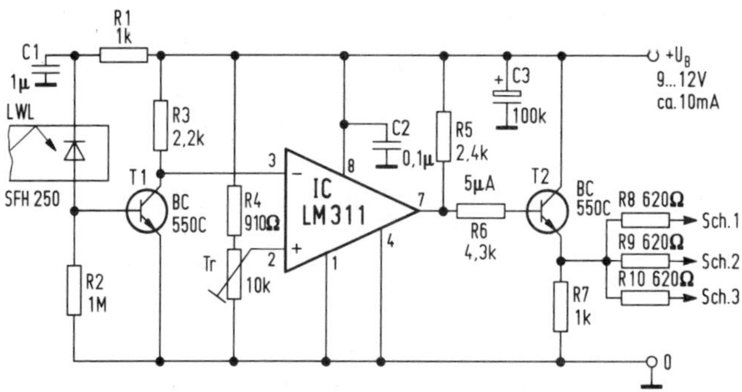

Abb. 23 Digitales LWL-Empfangsteil mit Komparator und Verteilerstufe

Beim LWL-Empfänger (Abb. 23) werden die Intensitätsschwankungen des Lichts durch den an den Lichtwellenleiter angekoppelten optoelektronischen Wandler (Fotodiode) in ein entsprechendes elektrisches Signal umgesetzt, von T1 verstärkt und durch den Komparator als digitales, rechteckförmiges Signal aufbereitet. Das Ausgangssignal wird niederohmig über eine Impedanzwandlerstufe mit T2 und dem Widerstandsfächer mit gleichem Pegel den selektiven Schaltstufen zugeführt.

3.2.1 Leitungsübertragung mit U/F-Wandler

Die Verwendung eines U/F-Wandlers ermöglicht eine Signalübertragung über lange Leitungen von der Meßstelle (Sensorort) zum Anzeige- bzw. Auswertungsort. Eine Amplitudenschwächung ist hier bedeutungslos, da die Information in der Frequenz enthalten ist. Bei hohen Frequenzumsetzungen und langer Leitungsführung werden kapazitätsarme, abgeschirmte Kabel verwendet. Die Signalauskopplung beim U/F-Wandler erfolgt niederohmig.

3.3 Ablaufsteuerung mit F/U Wandler und Komparatorkette

Eine LWL-empfängerseitige Alternative, welche die Verwendung von einfachen Relais-Schaltstufen ermöglicht, zeigt das Blockschaltbild *Abb. 24*.

Der „Kopfteil“ des LWL-Empfängers ist derselbe wie bei Abb. 23. Die aufbereitete rechteckförmige Signalfrequenz wird hier einem Frequenz-Spannungskonverter als Digital-Analogumsetzer zugeführt. Dieser setzt die Signalfrequenz in eine streng frequenzproportionale Ausgangsspannung um.

Der Frequenz-Spannungskonverter (*Abb. 25*, RC4151 von Raytheon) führt daher das Gegenteil eines Spannungs-Frequenz-

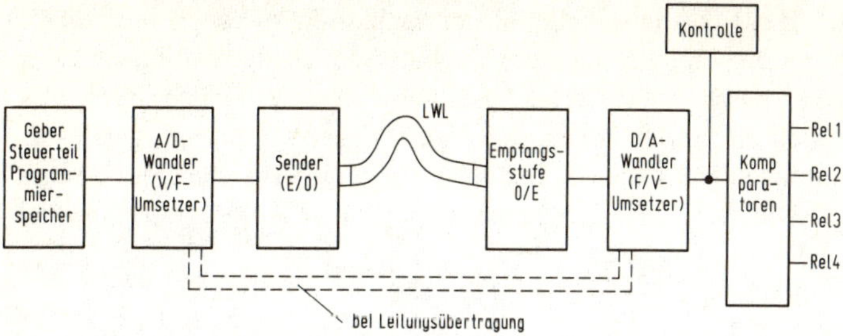

Abb. 24 Steuerungssystem für LWL- oder Zweidrahttechnik

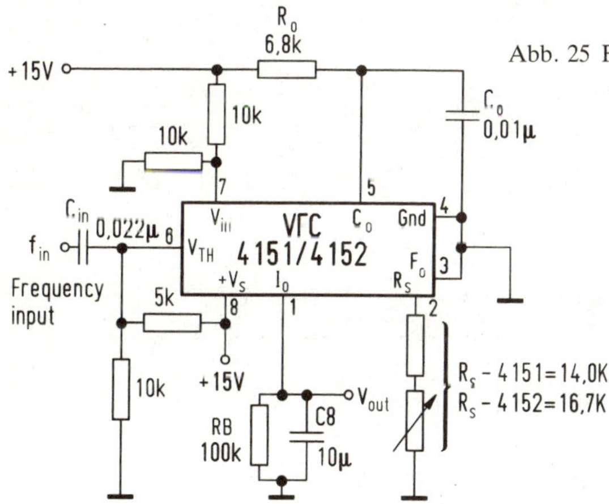

Abb. 25 F/U-Umsetzer

wandlers aus. Die auf den Eingang gelangenden Impulse triggern den Eingangskomparator, der wiederum das Monoflop anstößt. Dieser pumpt während der exakt zeitlich bestimmten metastabilen Phase eine Ladung in den Ausgangs-Integrationskondensator, dessen Spannung von der Höhe der Frequenz des Eingangssignals abhängig ist.

Das Eingangssignal muß steilflankig sein (Anstieg und Abfall) und der Impulsabstand muß größer sein als die Zeit bzw. Dauer der durch 1,1 * $R_o C_o$ bestimmbaren metastabilen Phase des Monoflops. Die eingangsseitige Triggerung erfolgt durch die abfallende Flanke des Impulses und muß ausreichend groß sein.

Die der Eingangsfrequenz proportionale Ausgangsspannung ist

$$V_o = \left[\frac{1{,}1\, R_o C_o R_B\, V_{Ref}}{R_S}\right] f_{in}\ (\text{Hz})$$

Gebräuchliche Werte sind:

	C_{in}	R_o	C_o	R_B	C_B
0–1 kHz	0,02 µF	6,8 k	0,1 µF	100 k	100 µF
0–10 kHz	0,002 µF	6,8 k	10 n	100 k	10 µF
0–100 kHz	200 pF	6,8 k	1 n	100 k	1 µF

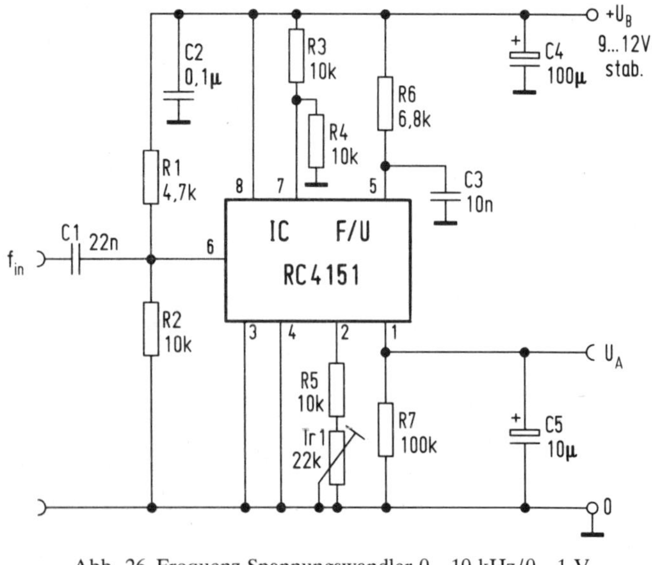

Abb. 26 Frequenz-Spannungswandler 0…10 kHz/0…1 V

Bei der Dimensionierung nach *Abb. 26* ist der Frequenz-Spannungskonverter zur Umsetzung von Frequenzen von 0...10 kHz in eine frequenzproportionale Ausgangsspannung von 0...1 V ausgelegt. Der Feinabgleich ist mit TR1 durchführbar.

3.3.1 Die Leistungskomparatorkette

Die eingangsfrequenzabhängige Ausgangsspannung des D/A-Wandlers wird der Komparatorkette *(Abb. 27)* zugeführt. Komparatoren sind Spannungsvergleicher, welche eine Signalspannung mit einer Bezugsspannung vergleichen. Übersteigt diese die Bezugsspannung, so wechselt dieser schlagartig seinen Ausgangs-

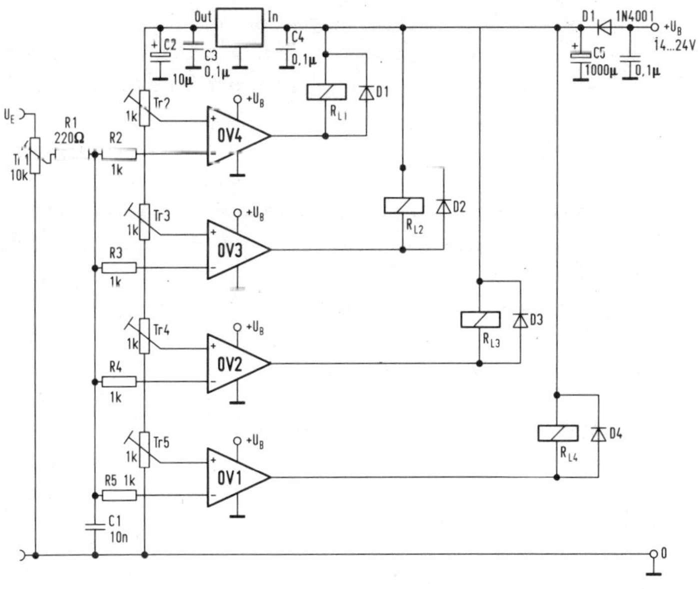

Abb. 27 Komparatorkette zur Ansteuerung der Lastrelais

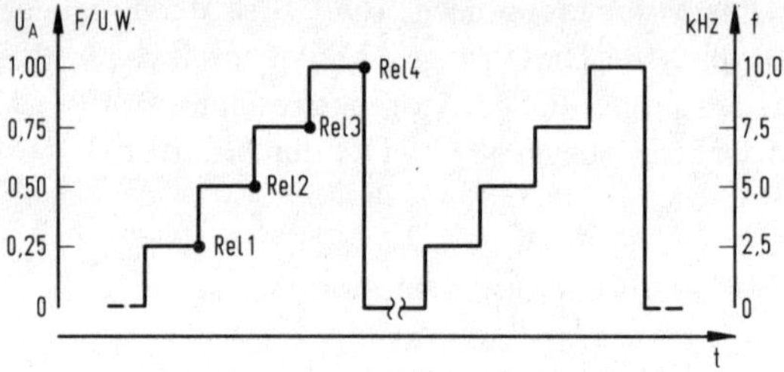

Abb. 28 Schaltschwellen der Komparatoren

zustand. Die Bezugsspannungen der einzelnen Komparatoren werden so gewählt, daß diese den entsprechenden Steuerbefehl-Pegeln entsprechen. Übersteigt die Signalspannung die Bezugsspannung, so wird das Relais vom Strom durchflossen bzw. angezogen. Ist das Signal kleiner als die am invertierenden Eingang anliegende Bezugsspannung, so bleibt das Relais stromlos. Je höher der Eingangs-Signalpegel ist, um so mehr Komparatoren mit geringeren Referenzspannungen ändern ihren Schaltzustand. Wenn der Signalpegel die Höhe der Bezugsspannung von OV4 überschreitet, sind alle 4 Relais aktiviert.

Die Schaltschwellen der einzelnen Komparatoren zeigt die *Abb. 28.* Die Ausführung der Komparatoren richtet sich bei dieser Anwendung nach der erforderlichen Schaltleistung. Zum Schalten von Kleinrelais und Aktoren mit Strömen von ca. 20 mA sind häufig die üblichen OVs verwendbar, während zum Schalten von Verbraucherströmen in der Größenordnung von ca. 0,5 bis 4,5 A Leistungsoperationsverstärker hierzu geeignet sind (z. B. TCA365B von Siemens).

3.3.2 Optische Ablaufkontrolle

Zur Überwachung der Ablaufsteuerung dient die Fünffach-Bandanzeige mit dem Ansteuer-IC U237BG nach *Abb. 29a*. Diese besitzt einen linearen Anzeigeverlauf mit den Schwellwerten 0,2 – 0,4 – 0,6 – 0,8 und 1 V.

3.3.3 Eine Schaltungsvariante mit einem LED-Ansteuer-IC

Die monolithisch integrierte LED-Ansteuerschaltung LM3914 NS) für LED-, Punkt- oder Bargraph (Leuchtband)-Anzeige wird nach Abb. 30 als Komparatorkette zum Schalten von bis zu 10 (Relais-)Schaltstufen verwendet. Wie das Blockschaltbild Abb. 29 b zeigt, besteht die Innenschaltung aus einer Pufferstufe mit Eingang Pin 5, welche das Eingangssignal den invertierenden Eingängen einer Komparatorkette mit 10 Komparatoren zuführt. Die Komparatoren haben durch die Widerstandsteilerkette unter-

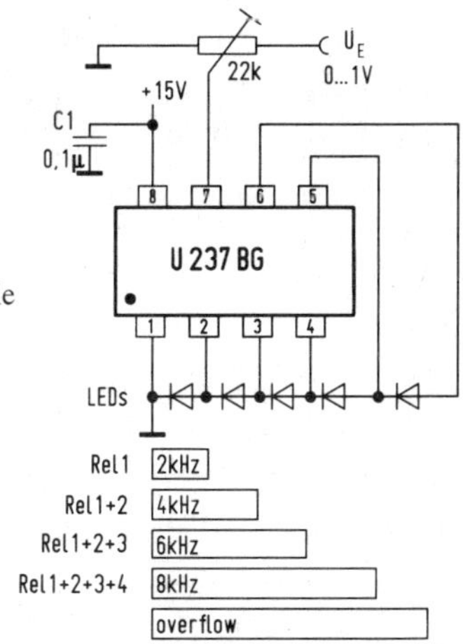

Abb. 29 a) Optische Ablaufkontrolle

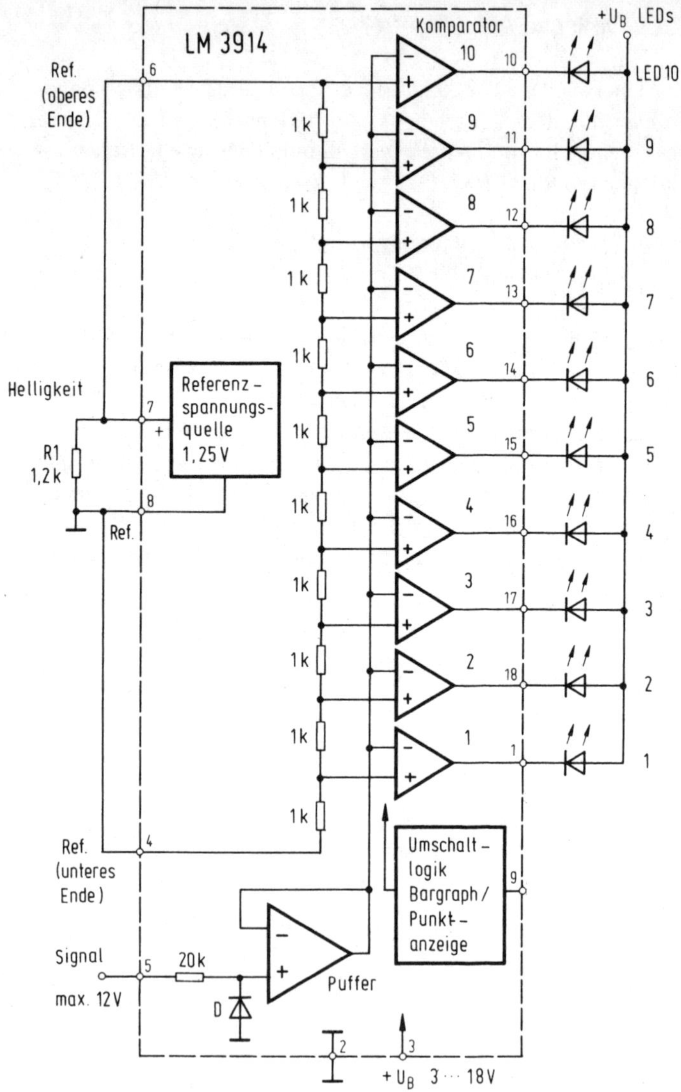

Abb. 29 b) Innenschaltung Ansteuer-IC LM 3914

schiedliche, linear abgestufte Referenzspannungen, wodurch ein eingangspegel-abhängiger, linearer Anzeige- bzw. Schaltverlauf erreicht wird. Die integrierte Referenzspannungsquelle liefert eine Spannung von 1,2 V, welche massefrei an den Pins 7 und 8 entnommen werden kann. Bei der Zuführung dieser Referenzspannung über die Pins 4 und 6 an die linearen Spannungsteiler der Komparator-Bezugsspannungen beträgt der empfindlichste Bereich der Komparatorkette 0,12...1,2 V, wobei die Schaltspannungsdifferenz zwischen den einzelnen Schaltstufen 0,12 V beträgt.

Einzel(Punkt)- oder Bargraph(Leuchtband)-Anzeige

Eine integrierte Umschalt-Logik ermöglicht eine Steuerung des Anzeige- bzw. Funktionsablaufes. Bei der Bargraph-Anzeige (Schalter S = geschlossen) werden mit zunehmender Eingangsspannung alle Einzelkomparatoren geschaltet, deren Bezugsspannung kleiner ist als das anliegende Eingangssignal. Folglich entsteht dadurch ein thermometerähnlicher Leuchtbandverlauf. Das bedeutet, daß bei dieser Schaltungsart sämtliche Schaltstufen nach *Abb. 30* durchgeschaltet sind, deren Referenzspannung kleiner ist als das anliegende Steuersignal.

In der Stellung Punktanzeige (Schalter S offen) leuchtet jeweils nur ein LED auf. Es schaltet lediglich der Komparator, dessen Bezugsspannung geringfügig kleiner ist als das Steuersignal. Mit dieser Schaltungsart wird bei der pegelabhängigen Ablaufsteuerung jeweils nur eine Schaltstufe aktiviert, während die restlichen Schaltstufen in ihrem Ruhezustand verharren. Dadurch ist sowohl eine Nacheinander-Schaltfolgesteuerung wie auch eine selektive Ablaufsteuerung realisierbar.

Als „Schaltzustands-Display“ für die Ablaufsteuerung dienen die 10 LEDs, welche bei Aktivierung der jeweiligen Schaltstufen je nach Funktions-Mode einzeln oder leuchtbandförmig aufleuchten.

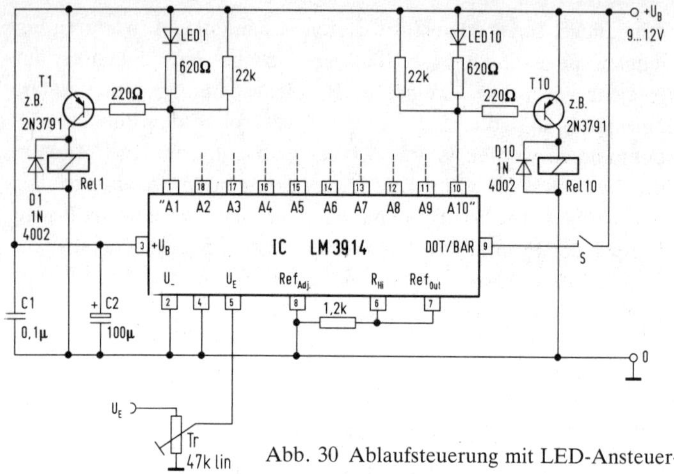

Abb. 30 Ablaufsteuerung mit LED-Ansteuer-IC

... und bei hohen Strömen

Sollen größere Ströme mit dem zur Verfügung stehenden Schaltstrom der Komparatorstufen des Anzeigebausteines geschaltet werden, so ist die Verwendung von Power-MOS-Transistoren zu empfehlen. Die prinzipielle Beschaltung zeigt *Abb. 31*. Zur optimalen Sperrung des P-Kanal-MOS-Transistors wird parallel zur LED ein 20-kΩ-Widerstand verwendet, so daß das Gate im nicht durchgeschalteten Zustand des Komparators (IC LM3914) H-Potential erhält. Bei der Schaltung nach Abb. 31 werden Verbraucherlasten bis zu mehreren Ampere geschaltet.

3.3.4 Ansteuerbaustein für weitere Verbraucher

Der Ansteuerbaustein mit nachgeschalteten Treibertransistoren in Bipolar- oder MOS-Powertechnik eignet sich auch zur Steuerung

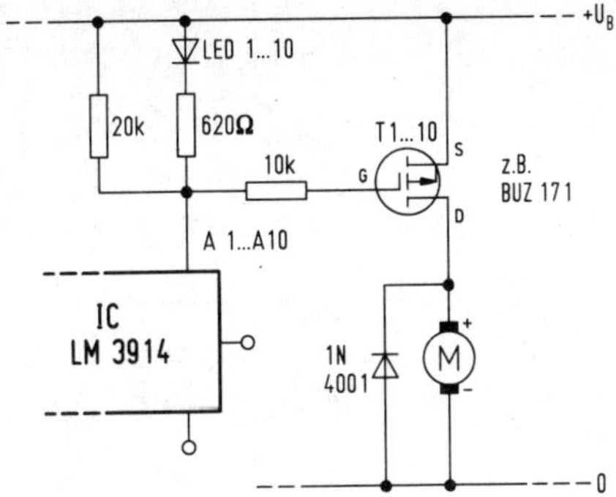

Abb. 31 Erhöhung der Schaltleistung durch Verwendung von POWER-MOS-Transistoren

weiterer Verbraucher und Aktuatoren, die nacheinander einzeln oder in Aufsummierung in einer bestimmten zeitlichen Folge pegelabhängig unter Strom gesetzt werden. Ebenso können damit mehrstufige Schrittschaltrelais und unidirektionale Schrittmotore bei der Mode „Dot-Bar" gesteuert werden. Als Steuersignal dienen hierzu Mindest-Signalpegel von 120 mV...1,2 V, wobei durch den Abschwächer TR der Ansteuerbaustein dem Steuerlogiksignal entsprechend angepaßt werden kann (z. B. 1,2...12 V).

Kaskadierung

Zur Ansteuerung von mehr als zehn Schaltkreisen bzw. für größere Auflösung ist eine Erweiterung der Ansteuerelektronik durch Kaskadierung nach *Abb. 32* möglich. Diese verwendet zwei LM3914, welche so miteinander verbunden werden, daß die Referenzspannung des ersten IC 1,2 V beträgt und durch die Reihenschaltung für das zweite IC die hierfür wirksame Referenzspannung um 1,2 V höher liegt (2,4 V).

Abb. 32 Kaskadierung

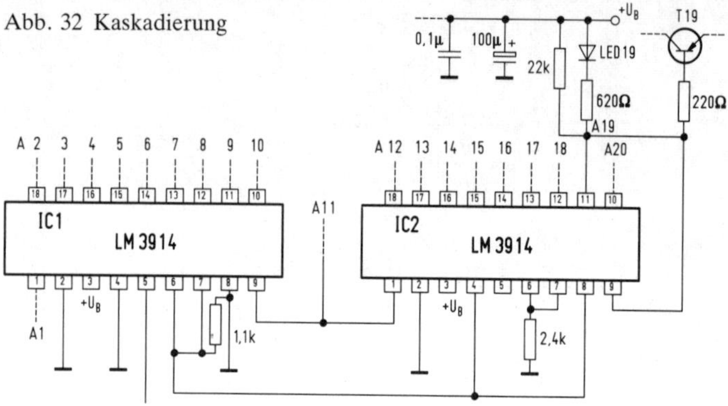

3.4 Steuerung mit Fensterspannungskomparator

Mit Fensterkomparatoren oder auch als Fensterdiskriminatoren bezeichnet, kann ein Eingangssignal mit zwei Grenzwerten verglichen werden, ob das Signal innerhalb, unterhalb oder oberhalb des durch Dimensionierung festgelegten Fensters liegt. Die prinzipielle Übertragungskennlinie eines Fensterdiskriminators zeigt *Abb. 33*. Das Fenster kommt nur dann zustande, wenn beide Komparatoren denselben Ausgangszustand einnehmen. Der gemeinsame Kollektor-Widerstand R4 beider Ausgangsstufen bildet eine UND-Verknüpfung. Bei den vorgegebenen Fenster-Umschaltpunkten erfolgt ein abrupter Ausgangssignalwechsel, so daß Fensterdiskriminatoren sich besonders für Spannungsüberwachungen, Bauteileselektionen bei Vorgabe der entsprechenden Fensterbreite als Toleranzbereich eignen.

Bei der Schaltung nach *Abb. 34a* wird ein IC-Fensterkomparator zur Steuerung von vier Verbrauchern durch eine variable Eingangsspannung benutzt. Der Fensterkomparator erkennt dabei vier Eingangs-Signalzustände:

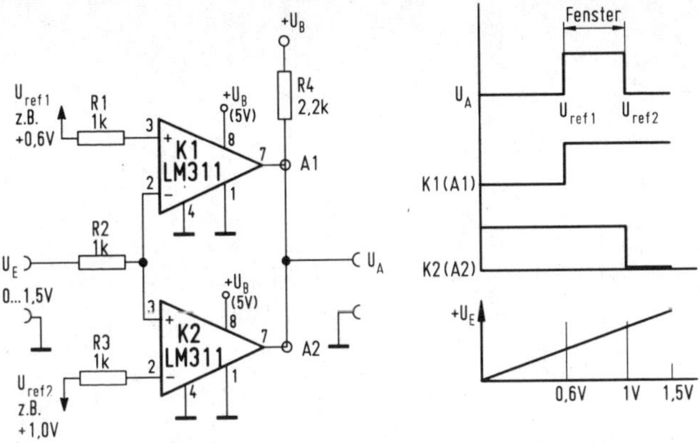

Abb. 33 Übertragungskennlinie eines Fensterkomparators, aufgebaut mit zwei Komparatoren LM311

1. Eingangsspannung unterhalb der durch äußere Beschaltung festgelegten Fensterbreite
2. Eingangsspannung innerhalb des Fensters
3. Eingangsspannung oberhalb des Fensters
4. Eingangsspannung außerhalb des Fensters

Die jeweiligen, von der Höhe der Eingangspannung abhängigen Ausgangs-Signalzustände zeigt die *Abb. 34b*.

Die Innenschaltung des Fensterkomparator-ICs besteht aus zwei Differenzkomparatoren mit einer darauffolgenden Logikschaltung sowie einer internen Referenzspannungsquelle zur Speisung der Spannungsteiler für die Schwellenspannungsvorgabe (Umschaltpunkte). Die obere Schwelle wird durch TR3 und die untere mit TR2 festgelegt. Die Ausgangsströme dürfen max. 50 mA betragen, so daß damit Kleinstverbraucher direkt ansteuerbar sind. Der Funktionsbereich des TCA965 reicht von 5 bis 27 V.

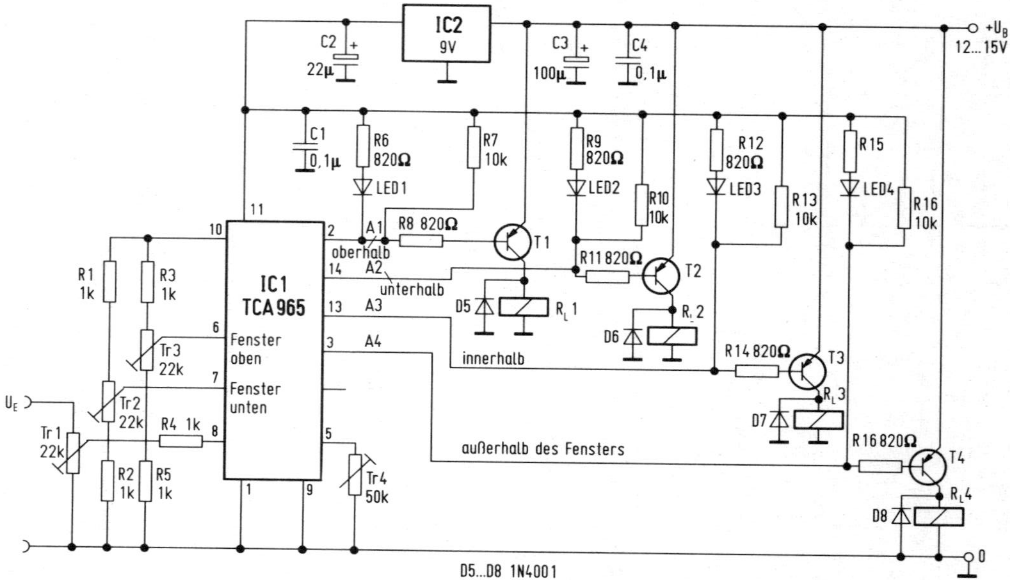

Abb. 34 a) Fensterkomparator zur Ansteuerung von 4 Schaltstufen

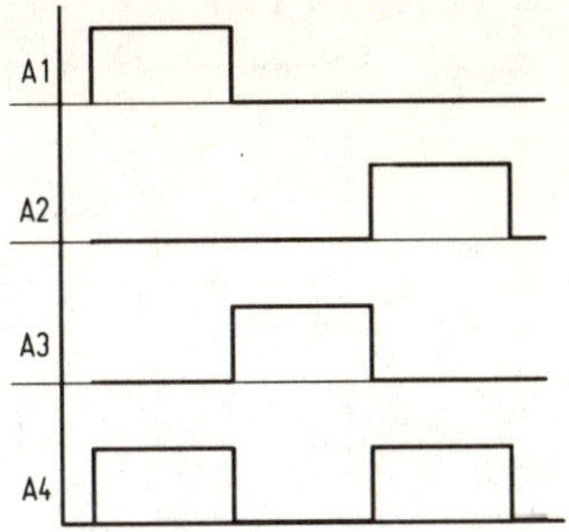

Abb. 34 b) Ausgangs-Signalzustände in Abhängigkeit von der Eingangsspannung

Bei der Anwendung nach Abb. 34a beträgt diese 9 V, wobei die unstabilisierte Versorgungsspannung 12...30 V betragen darf. Die Schaltzustände der einzelnen Leistungsstufen werden durch LEDs angezeigt.

Bei der Schaltung nach Abb. 34a werden die Verbraucher R_L 1...4 über stromergiebige pnp-Leistungstransistoren gesteuert. Eine Erweiterung der Ablaufsteuerung ist mittels Serienschaltung von Fensterkomparatoren möglich.

3.5 Ein Sägezahngenerator als Programmgeber

Eine direkte Ansteuerung der Komparatoren ist bei stetig sich wiederholenden Abläufen durch einen Spannungsgeber möglich, dessen Ausgangsspannung zeitlinear ansteigt und bei Erreichen einer max. Spannung nach einer bestimmten Zeit abrupt auf den Ausgangszustand zurückfällt. Aufgrund dieses sägezahnförmigen, periodisch wiederholenden Spannungsverlaufes werden solche Spannungsgeber als Sägezahngeneratoren bezeichnet.

Einen Präzisions-Sägezahngenerator zeigt *Abb. 35a*. Bei dieser Schaltungskonfiguration werden auf den Zählereingang eines

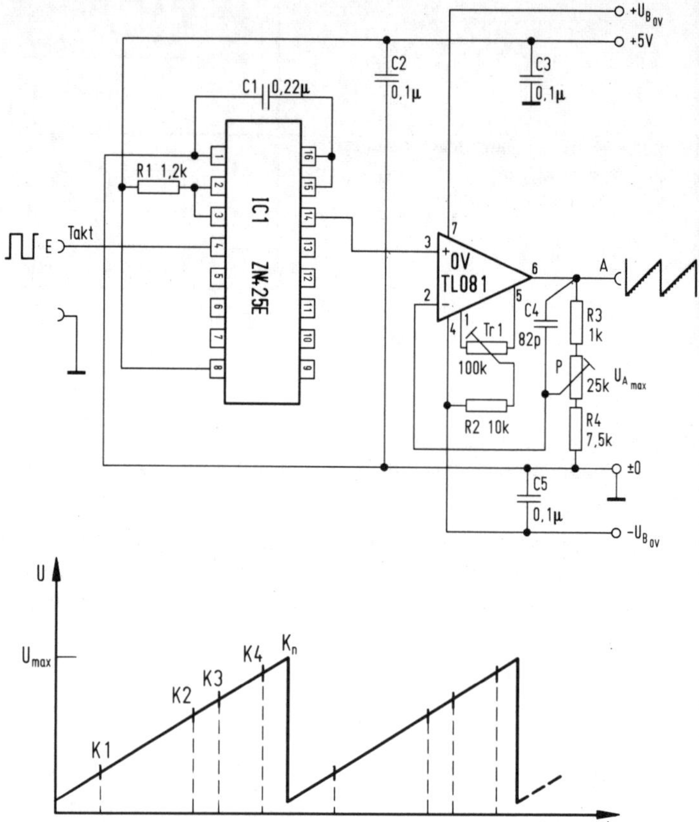

Abb. 35 a) Präzisions-Rampengenerator (Sägezahn) mit A/D-Wandler-IC b) Zeitlicher Verlauf der Komparator-Schaltfolge

D/A-Wandlers Taktimpulse gegeben, welche durch das R/2R-Netzwerk einen zeitlinearen, treppenförmigen Spannungsanstieg verursachen. Als Spannung für das R/2R-Leiternetzwerk, bei der jeweils die nachfolgende Leitersprosse nur halb so groß ist wie die vorhergehende, wird die interne Referenzspannung von 2,5 V verwendet.

Ist der Zähler voll, so schaltet dieser automatisch auf den Ausgangszustand zurück und der Vorgang beginnt von neuem. Dieser liefert in 256 Treppenspannungsschritten eine linear ansteigende Spannung von ca. 0 V bis eine durch das Potentiometer P einstellbare maximale Spannung. Nach Erreichen der max. Spannung fällt diese schlagartig wieder auf den Ausgangszustand zurück. Die Zeitdauer des linearen Spannungsanstiegs wird durch die Taktrate bzw. Taktgeneratorfrequenz bestimmt.

Bei der Ablaufsteuerung kann der zeitliche Abstand der Schaltkomparatoren bei linear ansteigender Spannung durch entsprechende Wahl der Referenzspannung erfolgen *(Abb. 35b)*.

Praktische Hinweise:

Als Taktgenerator ist ein astabiler Multivibrator mit Timer-IC 555 nach Abb. 17 (IC1) geeignet. Die erforderliche Taktfrequenz bzw. Dauer des Spannungsanstiegs (t) ist nach Abb. 18 berechenbar.

Für einen linearen Spannungsanstieg bis max. 10 V beträgt die gesplittete Speisespannung für den Operationsverstärker U_{BO} ± 15 V, während für eine max. Anstiegsspannung von 1 V eine Stromversorgung von ± 5 V für den OV ausreicht. Zu beachten ist, daß die Speisespannung des ZN425E immer nur +5 V beträgt. Zwischenwerte für die max. erforderliche Ausgangsspannung sind mit dem verstärkungsbestimmenden Potentiometer P einstellbar. Mit dem Widerstandstrimmer TR1 erfolgt ohne Ansteuerung der Nullabgleich.

4 Aktuatoren

Mit Aktuatoren oder auch als Aktoren wird das letzte Glied einer Meß-, Steuer- oder Regelkette oder eines Datenübertragungssystems bezeichnet, das ausführt, was eingegeben oder sensortiert wurde. Mit Aktoren wird die durch eine Steuerlogik aufbereitete Information in Anzeigen oder in eine mechanische Bewegung umgewandelt. Ein Aktor kann im einfachsten Fall eine Lampe, LED-Indikator, Display, Relais, Magnetventil, Hubmagnet, Motor oder Drucker sein, kurzum ein Ausgabeelement.

Für den Einstieg und die Anwendung heute wichtiger Aktoren soll hier das elektronische Lastrelais wegen seiner galvanischen Trennung zwischen Steuer- und Lastkreis, Wartungsfreiheit als Ansteuer- und Treiberschaltung von Motoren und Schrittmotoren kurz vorgestellt werden.

4.1 Halbleiterrelais zum Schalten von Netzverbrauchern

Zum Schalten von Netzverbrauchern ist eine völlig galvanische Trennung zwischen steuer- und netzspannungsführendem Last- oder Verbraucherkreis erforderlich. Das kann sowohl mit einem dafür geeigneten elektromechanischem Relais wie auch mit einem elektronischen Lastrelais erfolgen.

Bei den in Modulform ausgeführten elektronischen AC-Halbleiterrelais nach *Abb. 36* ist eine völlige galvanische Trennung zwischen Steuer- und Lastkreis vorhanden. Diese vereinfachen sehr stark den Aufbau von Interfaceschaltungen gegenüber mit Einzelbauteilen aufgebauten Opto-Netz-Schaltstufen.

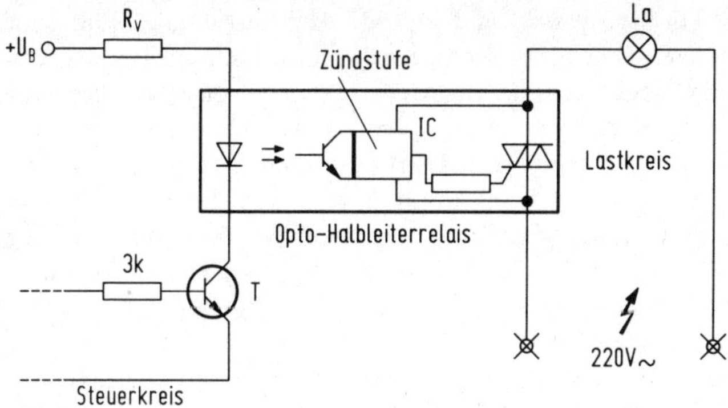

Abb. 36 Prinzipielle Innenschaltung eines Opto-Halbleiterrelais zum Schalten von Wechselstromlasten

Wie die Innenschaltung Abb. 36 zeigt, erfolgt die Ansteuerung durch ein LED, welches völlig getrennt ist von dem Fotoempfänger mit Nullpunktschalter als Zündstufe für den Triac. Bei Halbleiterrelais, bei denen die Triac-Ansteuerung im Nulldurchgang der Wechselspannung erfolgt, ist der Stromanstieg wesentlich geringer als in der Nähe des Scheitelwertes. Dadurch sind die durch den schnellen zeitlichen Stromanstieg verursachten Störspannungen wesentlich geringer. Der Triac als Vollwellen-Wechselspannungsschalter wird beim Nulldurchgang der Wechselspannung von der Zündstufe durch Impulse getriggert, solange die LED eingeschaltet ist. Halbleiter-Wechselstromschalter schalten sehr schnell und geräuschlos ohne Schalterprellen, haben keine beweglichen elektromechanischen Verschleißteile und sind leicht fernsteuerbar. Elektronische Lastrelais mit Schaltströmen bis zu ca. 20 A bei Schaltspannungen von ca. 24...280 V sind bereits mit Steuerströmen unter 20 mA und mit galvanisch getrennten Steuerspannungen um 5 V sicher schaltbar. Bei Halbleiterrelais mit integrierter Konstantstromquelle erübrigen sich Vorwiderstände (R_V). Zum Schalten hoher Verbraucherströme ist ein externer Triac erforderlich welcher vom Halbleiterrelais getriggert wird.

Für die Auswahl sind folgende Angaben wichtig: Schaltstrom, Schaltspannung, Spitzensperrspannung, Frequenzbereich, Stoßstrom-Grenzwert während einer Periode. Schaltstromminimum bzw. Haltestrom, Sperrstrom, Durchlaßspannung bei max. Schaltspannung (Scheitelwert), Spannungs- und Stromsteilheit. Steuerspannung bzw. Ansprech- und Abfallwert, Steuerkreiswiderstand. Prüfspannung, Betriebstemperatur. Ausführung mit Maßskizze für Leiterplattenmontage oder mit Schraubanschlüssen.

4.2 Verbraucherstrom-Steuerung

Die Schaltungen nach *Abb. 37a* und *b* steuern den Strom eines Verbrauchers mit dem Lastwiderstand R_L analog zu einer Eingangs-Gleichspannung. Als Verbraucher kommen Niedervolt-

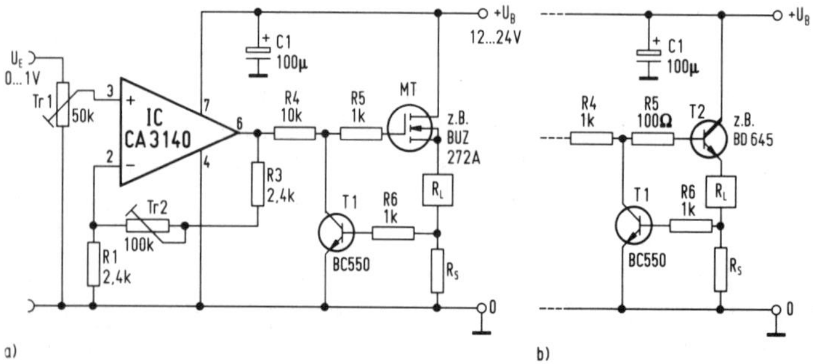

Abb. 37 a) Verbraucherstromsteuerung mit MOS-Leistungstransistor
b) mit Darlingtontransistor

lampen oder Motorantriebe in Frage, die beispielsweise durch einen Sensor gesteuert werden (Fotowiderstand, Temperatursensor). Das Sensorsignal kann über ein LWL-System oder Zweidrahttechnik dem Stellglied als Gleichspannung oder auch als frequenzabhängiges Rechtecksignal mit D/A-Wandler am Stellort zugeführt werden. Die Auswahl des Leistungstransistors und Wärmeableitung richten sich nach der Verbraucherlast. Zur Steuerung von größeren Verbraucherströmen (z. B. Dimmen von Halogen-Niedervoltlampen) ist die Verwendung von Power-MOS-Transistoren wegen ihrer leichten Kaskadierungsmöglichkeit günstig. Ebenso eignen sich hierzu leistungsfähige Darlington-Transistoren (Abb. 37b). Die Schaltungen besitzen eine Laststrombegrenzung zur Vermeidung von Überlast. Die Strombegrenzung wird durch den Sensorwiderstand R_S bestimmt. Dieser ist berechenbar nach

$$R_S = \frac{\approx 0{,}6}{I_L}$$

Seine Belastbarkeit errechnet sich aus

$$P = \frac{U^2}{R} = \frac{\approx 0{,}36}{R_S}$$

wobei im Interesse der Wärmeentwicklung die Verwendung eines höher belastbaren Widerstandes günstig ist.

Der Abgleich an die Steuer-Gleichspannung erfolgt eingangsseitig mit dem Einstellpotentiometer TR1. Mit TR2 ist die erforderliche Verstärkung des Steuersignals in Abhängigkeit von der Gate-Sourcespannung des verwendeten Power-MOS-Transistors einstellbar.

5 Gleichstrom-Motorsteuerungen

DC-Motoren sind wichtige Antriebselemente in der elektronischen Steuerungstechnik. Daher sollen hier einige wichtige Ansteuerverfahren gezeigt werden.

5.1 Potentialfreies Ansteuern mit Optokoppler

Eine völlige galvanische Trennung zwischen Steuer- und Lastkreis, die unterschiedliche Potentiale haben können, zeigt Abb. 38. Das Steuersignal wird auf optischem Wege durch einen Lichtkoppler an den Lastkreis weitergegeben, wobei bei Aufleuchten der LED-Sendediode der empfängerseitige Fototransistor des

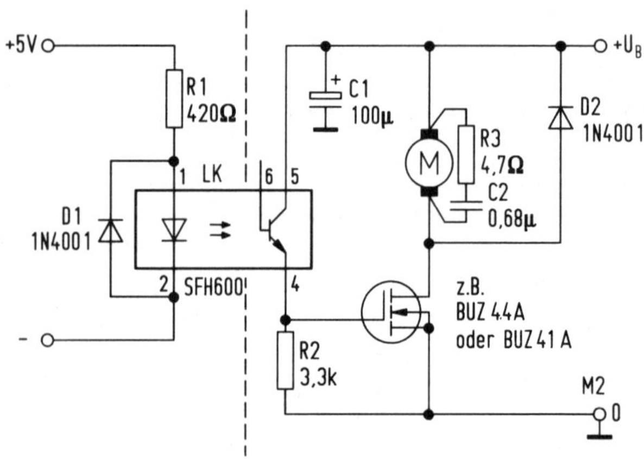

Abb. 38 Ansteuerung mit Lichtkoppler

Lichtkopplers leitend wird und den Sipmos-Transistor BUZ44A (Siemens) durchschaltet. Der Motor läuft. Bei Unterbrechung des LED-Stromes sperrt der Fototransistor und damit der Power-MOS-Transistor. Der Motor steht still.

5.2 Drehzahlsteuerung

Bei Verwendung eines Impulsgenerators nach *Abb. 39* ist das Ansteuerverfahren um eine weitere Funktion, der Drehzahlsteuerung, erweiterungsfähig. Der Gleichstrommotor wird hier nicht mehr durch Dauerstrom gespeist, sondern durch Strom- oder Impulspakete mit unterschiedlicher Länge. Bei kurzem Aufleuchten der LED und langen Impulspausen fließt ein geringer Motor-

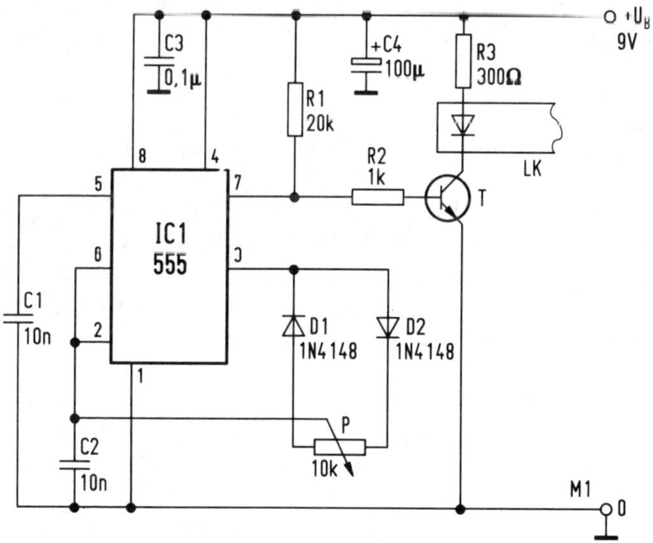

Abb. 39 Steuerung durch Impulsgenerator

strom und demzufolge ist die Motordrehzahl niedrig. Ist die Impulslänge (LED-Leuchtdauer) groß gegenüber den Impulspausen, so fließt ein starker Strom, der eine hohe Drehzahl bewirkt.

Als Impulsgenerator wird ein als astabiler Multivibrator beschalteter Timer-IC 555 verwendet, dessen Impulsdauer – Impulspausenverhältnis mit P einstellbar ist. Durch die Aufteilung der Kondensatorzuführung in einen Lade- und Entladepfad mit Hilfe der Dioden D1 und D2 mit veränderlichem Lade- bzw. Entladewiderstand ist das Verhältnis von Stromfluß- und Pausezeiten veränderbar. Die Multivibratorfrequenz wird durch C2 bestimmt und ist so zu wählen, daß ausreichend Impulse pro Zeiteinheit geliefert werden, damit der Motor auch bei kurzen Pulslängen ruckfrei läuft. Die Ausgangsleistung des Timer-IC ist ausreichend, um die LED des Lichtkopplers zu treiben.

Anstelle des Lichtkopplers kann auch ein Motor direkt in den Kollektorkreis von T geschaltet werden. Die Wahl des Transistors T richtet sich nach dem erforderlichen Laststrom. Wärmeableitung kann erforderlich sein.

5.3 Ansteuerung mit Brückenschaltung

Bei der Brückenschaltung nach *Abb. 40* liegt der Motor in der Diagonale der Brücke. Dabei steuern die unteren Schalttransistoren T3 bzw. T4 ihren jeweils gegenüberliegenden Transistor (T3 steuert T2 und T4 T3) an. Hieraus ergeben sich folgende Ansteuer-Möglichkeiten für drei Schaltzustände.

Eingangssignale E1	Motorfunktion E2	
L	L	Stillstand
L	H	Rechtslauf
H	L	Linkslauf
H	H	= verboten

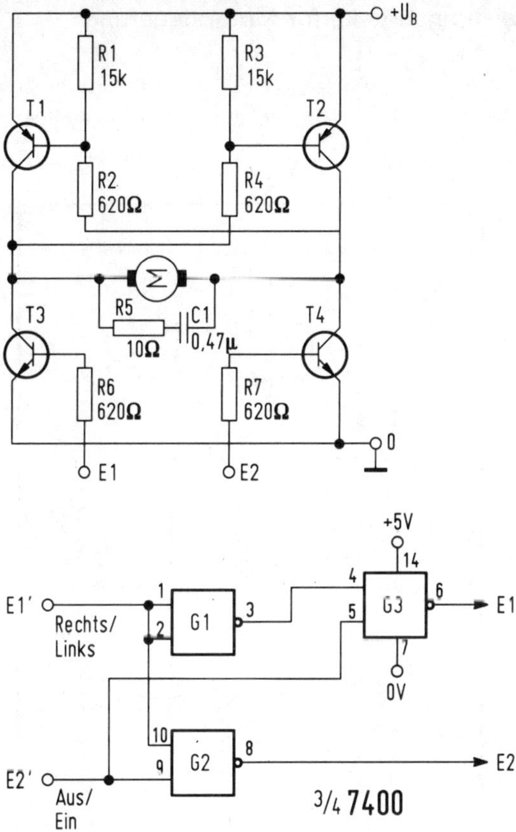

Abb. 40 Motor-Brückenansteuerung

Zur Vermeidung einer nicht zulässigen Ansteuerung mit H-Potential an beiden Eingängen wurde die Ansteuerlogik konzipiert.

5.4 Leistungsbrücke für Motorsteuerung

Der Aufbau von Motor-Treiberschaltungen wird durch Verwendung von integrierten Schaltungen wesentlich vereinfacht.

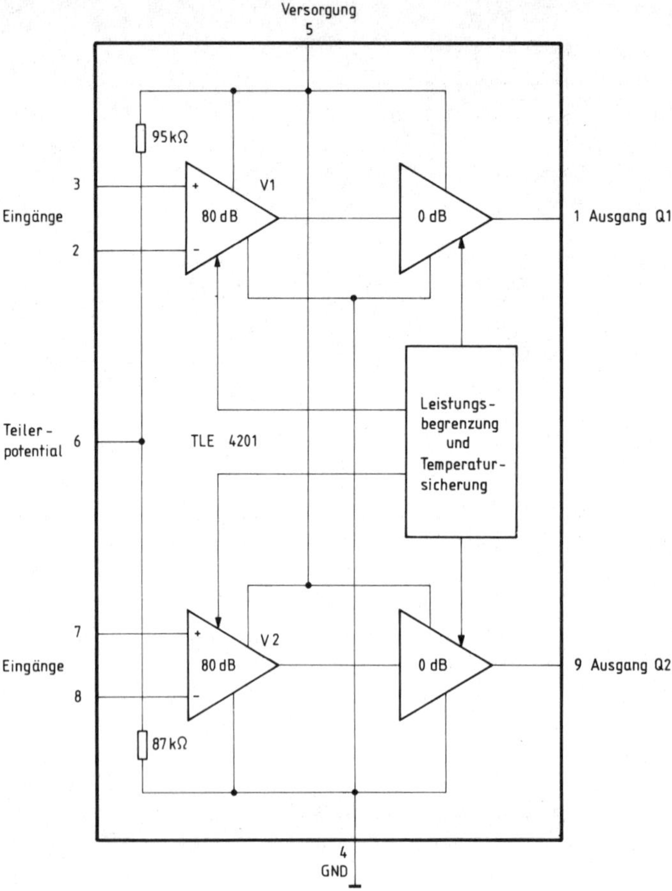

Abb. 41 Innenschaltung TLE4201 (Siemens)

Ein Beispiel hierfür ist die bipolare integrierte Schaltung TLE4201 von Siemens *(Abb. 41)*. Diese ist ein Zweifach-Komparator und eignet sich besonders als Treiber für Gleichstrommotoren im Reversierbetrieb und wird auch als universeller Treiber verwendet. Die Gegentakt-Leistungsausgangsstufen arbeiten im Schaltbetrieb und lassen sich zu einer Vollbrückenschaltung kombinieren. Die Ansteuerung der Komparatoren kann sowohl analog als Fensterdiskriminator erfolgen wie auch durch einfache digitale Logik *(Abb. 42a* und *b)*.

Zu den Eigenschaften gehören: Ausgangsstrom max. 2,5 A, max. Speisespannung 25 V (3,5...17 V), Ruhestrom typ. 20 mA. Leerlaufverstärkung typisch 80 dB. PNP-Eingangsstufen mit hohem Eingangsgleichtaktbereich, hohe Aussteuerbarkeit. Kleine Restspannung, im Quellenbetrieb typisch 1,2 V (I_Q = 1 A) und im Senkenbetrieb 0,7 V. Mit Hilfe einer SOA-Schutzschaltung wird der IC gegen Massekurzschlüsse gesichert. Eine Temperatursicherung schützt den IC vor Überhitzungen bei ungenügender Kühlung oder bei Überlast. Für Logiksteuerungen steht ein Teilerpotential von ca. $U_S/2$ am Anschluß 6 zur Verfügung.

Der IC wird in zwei Gehäuseausführungen angeboten. Beim P-SIP9-Leistungsgehäuse kann die Wärme über eine Kühlfahne auf einen geeigneten Kühlkörper abgeleitet werden, und beim P-DIP-18-L9-Gehäuse sind die Anschlüsse 10...18 thermisch mit dem Chip verbunden zur Wärmeableitung auf eine Platine.

Anwendungen:

Fensterdiskriminator

Die Schaltung Abb. 42a zeigt den Betrieb als Fensterdiskriminator mit der Steuerspannung U_1. Das Fenster, in dem der Motor stehen bleiben soll, wird durch R2 eingestellt.

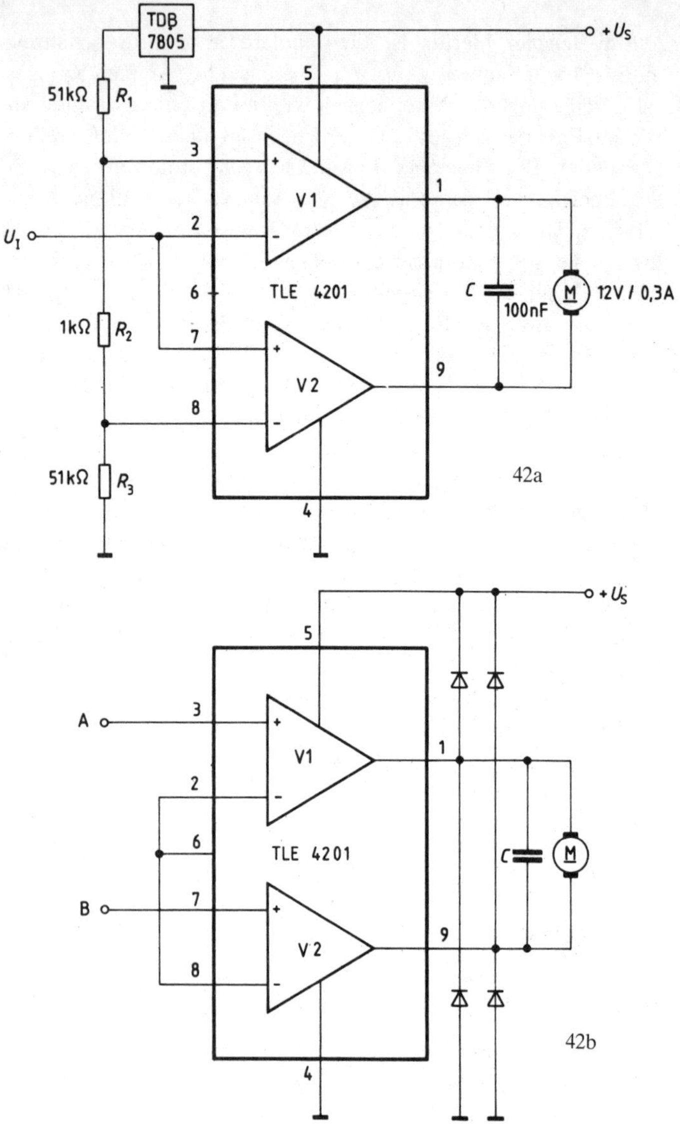

Abb. 42 a) Betrieb als Fensterdiskriminator; b) Digitale Steuerung

Digitale Steuerung

Bei der Schaltung nach Abb. 42b erfolgt die Ansteuerung durch die Logikeingänge A und B. Der Motor wird nach folgender Wahrheitstabelle gesteuert.

Eingänge		Ausgang
A	B	
L	L	Motor steht (gebremst)
L	H	Motor dreht rechts
H	L	Motor dreht links
H	H	Motor steht (gebremst)

Bei der digitalen Steuerung gilt für Eingangssignale $H \geq 0{,}6\ U_S$ und $L \leq 0{,}3\ U_S$.

6 Schrittmotor-Steuerungen

Vorteilhaft ist, wenn die „Aktoren" als ausführendes Glied (Ausgabeelement) eines Steuerungssystems digital ansteuerbar sind. Als Logiksignale kommen hier ausschließlich Pegel mit 0 V als Low-Pegel und einem von der jeweiligen Logik abhängigen H-Pegel (z. B. +5 V bei TTL) in Betracht. Zwischenwerte gibt es nicht und sind unzulässig.

6.1 Ein digitaler Aktor als Bindeglied zwischen Elektronik und Mechanik

Schrittmotore sind ein wichtiges Antriebs- und Stellelement bei der Automatisierung und Steuerung von Mechaniken durch die Elektronik. Als digital steuerbares Antriebselement eignen sich Schrittmotore zur Steuerung von numerischen Werkzeugmaschinen und Mechaniken, um diese in eine bestimmte Position zu bringen. Hochpräzise Schrittmotore finden Anwendung in Floppy- und Harddisk-Laufwerken, Druckern, Plottern und CD-Playern. In der Industrie werden für Hochleistungsantriebe *(Abb. 43)* teilweise elektrohydraulische Schrittmotore eingesetzt, welche das Drehmoment eines elektrischen Schrittmotors noch wesentlich verstärken. Dabei wird durch Drehung des Schrittmotors ein Ventil zur Druckölversorgung des Hydraulikmotors befehligt. Der Hydraulikmotor folgt dabei auf Schritt dem Schrittmotor.

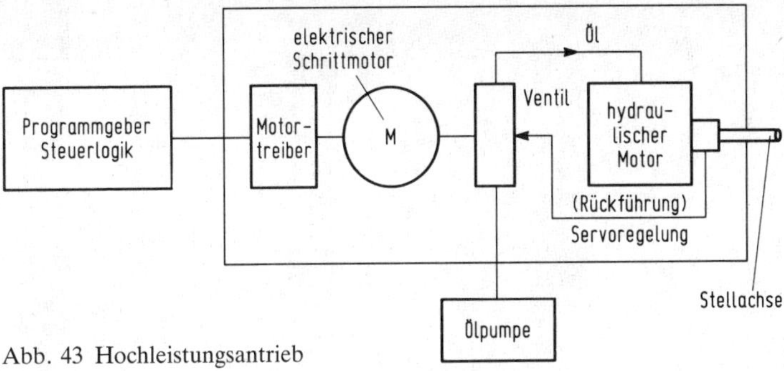

Abb. 43 Hochleistungsantrieb

6.2 Wie funktioniert ein Schrittmotor? Ein Impuls – ein Schritt

Bei Schrittmotoren (pulse motor, stepper motor oder auch als Stepper bezeichnet) verdreht sich der Rotorteil des Motors schrittweise um einen bestimmten Winkel zur Positionierung einer Mechanik. Bei kleinen Drehschritten (z. B. 0,9° = 400 Schritte für eine Umdrehung von 360°) verfeinert sich die Positionierung mit der Zunahme der Schrittzahl. Vorteilhaft ist dabei die Möglichkeit, die Antriebswelle zur Positionierung nach beiden Richtungen durch eine digitale Ansteuerlogik bestimmte Schrittzahl zu verdrehen. Eine Ansteuerlogik ermöglicht einen definierten Schrittmotor-Programmablauf zur Automatisierung eines elektro-mechanischen Vorganges. Zur Ansteuerung kann dabei auf eine analoge Umsetzung einer Spannung in eine entsprechende Position einer Mechanik verzichtet werden, die häufig ziemlich aufwendig und verschleißbehaftet durch Meßwertaufnehmer ist.

Schrittmotoren haben ein großes Drehmoment bei kleinen Dreh-Winkelgeschwindigkeiten und ein hohes Haltemoment.

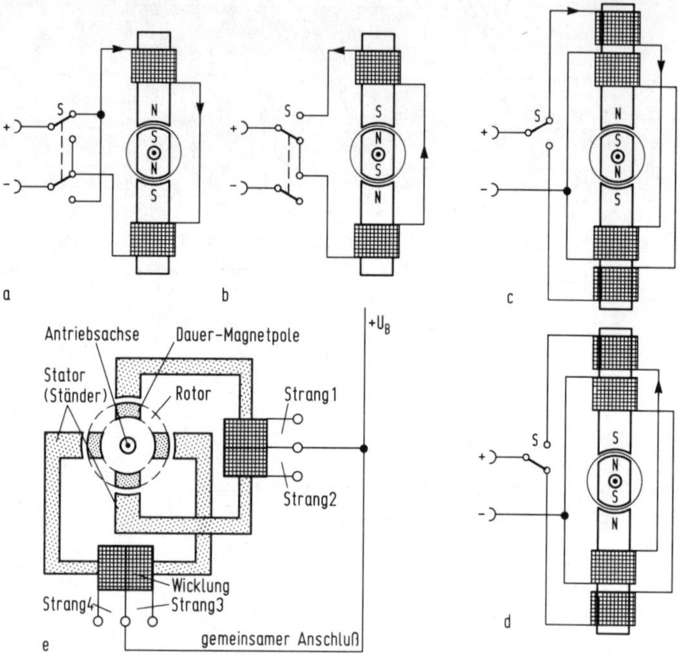

Abb. 44 a, b) Fortschaltung durch Umpolen = Magnetfeldrichtungsänderung (bipolare Ansteuerung)
c, d) Vereinfachung der Umpolung durch zweigeteilte Statorwicklung (unipolare Ansteuerung)
e) Magnetfeld-Umkehrung durch Stromumschaltung von einem Strang zum anderen (Wicklungshälfte)

Die schrittweise Drehung der Antriebswelle erfolgt durch ein wanderndes Magnetfeld, welches in paarweise angeordneten und von stromdurchflossenen Statorwicklungen erzeugt wird. Der Rotorteil, welcher mit der Antriebswelle verbunden ist, besitzt eine Anzahl von permanentmagnetischen Polen. Zusammen mit dem Feld der stromdurchflossenen Wicklung entsteht ein gemeinsames Feld, welches je nach Stromrichtung in der Statorwicklung und Richtung des Rotor-Permanentmagnetfeldes ein mechanisches Drehmoment verursacht. Die Schrittzahl einer Umdrehung (360°) wird von der Anzahl der Rotor-Magnetpole und der Stator-Polschuhe bestimmt. Ein Schrittmotor kann beispielsweise 24 Rotor-Polpaare und 4 Statorpole haben, so daß 4 * 24 = 96 Schritte bzw. 96 Steuerimpulse pro Umdrehung (Dreh-Winkel 3,75°/Impuls) erforderlich sind. Die Fortschaltung zum nächsten Schritt erfolgt durch Magnetfeldrichtungsänderung der Statorwicklung *(Abb. 44a und b)*, verursacht durch Stromrichtungsänderung des Erregerstromes in der vom Strom durchflossenen Wicklung (kollektorlose Strangstromumpolung).

6.3 Der „Dreh" mit dem Umpolen

Das Umpolen der Stromrichtung in der Statorwicklung zum schrittweisen Verdrehen der Antriebswelle erreicht man bei einem unipolaren Schrittmotor durch eine zweigeteilte Statorwicklung mit zwei Spulen (Stränge). Eigentlich handelt es sich um eine Wicklung mit Mittelanzapfung nach Abb. 44e. Die erforderliche Magnetfeld-Umkehrung wird bei gleichem Wickelsinn bereits durch bloße Stromumschaltung von einer Wicklungshälfte (Strang) auf die andere erreicht. Dieses Umschalten wird durch Ein- und Ausschalten der Wicklungshälften mit einem Transistor, MOSFET oder Thyristor durchgeführt und zwar mit einer Spannung derselben Polarität. Schrittmotore, welche zur Erzeugung eines Drehmoments nur das Ein- und Ausschalten mit einer Polarität benötigen, werden als *unipolare Schrittmotore* bezeichnet.

Im Gegensatz hierzu benötigen *bipolare Schrittmotore* zwei Strom-Umschalter. Die Ansteuerelektronik ist daher etwas umfangreicher. Sie liefert jedoch ein höheres Drehmoment pro Volumen.

Wie die Abb. 44a zeigt, sind bei der bipolaren (zweipoligen) Ansteuerung eines Polpaares zwei Stromrichtungs-Umschalter erforderlich, während bei der unipolaren (einpoligen) Ansteuerung pro Pol zwei Teilwicklungen benötigt werden.

6.4 Schrittgröße

Die Schrittgröße ist von der Art der Ansteuerung, d. h. von der Reihenfolge abhängig. Der Rotor macht seine *erste* Schrittbewegung, wenn die zweite Wicklung stromdurchflossen ist.

Nach dem Abschalten der ersten Wicklung folgt der *zweite* Schritt wieder um dieselbe Schrittgröße. Nur wenn das Abschalten der ersten Wicklung gleichzeitig mit dem Zuschalten des zweiten Stranges erfolgt, wird ein *Vollschritt* erreicht.

6.5 Schrittmotore sind Langsamläufer

Theoretisch können Schrittmotore als kollektorlose Antriebsmotore verwendet werden. Allerdings nur als Langsamläufer bis zu einer Impulsfrequenz von ca. 500 Hz. Höhere Steuerfrequenz-Signale können diese kaum verarbeiten, da die hohen Wicklungsinduktivitäten, welche für ein hohes Drehmoment und Haltevermögen wichtig sind, dem Strom entgegenwirken. Bei hohen Impulsfrequenzen streiken daher die meisten, geben einen Summ- oder Brummton ab und liefern kein verwertbares Drehmoment.

6.6 Die Steuerausgänge – die Stränge werden abwechselnd unter Strom gesetzt

Wie die Abb. 44e zeigt, sind pro Stator zwei Wicklungshälften mit Mittelanzapfung vorhanden. Zur Steuerung der beiden Statorpakete sind vier Steuerausgänge herausgeführt. Die Mittelanzapfungen, welche die beiden Wicklungshälften mit demselben Wickelsinn verbinden, werden als gemeinsamer Anschluß herausgeführt.

Die Steuerausgänge werden mit Halbleiter-Schaltern (z. B. Transistoren) so geschaltet, daß pro Stator immer nur eine Wicklungshälfte vom Strom durchflossen wird. Demzufolge sind immer zwei Stränge (pro Stator ein Strang) unter Strom. Ein Schritt erfolgt durch Umpolen eines Stromstranges. Den zeitlichen Verlauf zeigt *Abb. 45*.

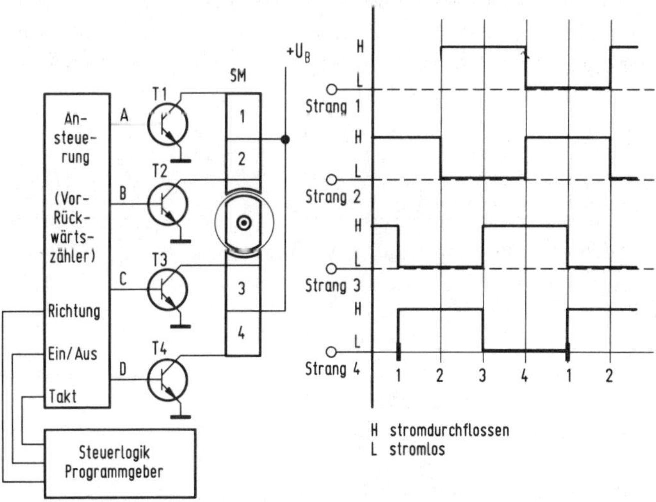

Abb. 45 Ansteuerung und zeitlicher Erreger-Stromfluß in den Strängen (Teilwicklungen)

Die Ansteuerung bzw. Erregung der Statorwicklungen erfolgt meistens über synchrone Vor-/Rückwärts-Ringzähler, die durch eine Logik angesteuert werden. Meist besitzen diese Steuereingänge für Takt (Weiterzählen, Geschwindigkeit), Drehrichtung (Vor-/Rückwärtszählen) und Enable (Start/Stop).

6.7 Das Haltemoment

Kommt kein weiterer Steuerimpuls, so verharrt der Rotor beim nächsten Magnetfeld, da die weiterhin stromdurchflossenen Wicklungshälften einen starken Widerstand gegen weiteres Verdrehen (starkes Haltemoment) leisten. Das ist ein wesentlicher Unterschied gegenüber üblichen Gleichstrommotoren, die entweder rotieren oder leistungslos (stromlos) stillstehen. Für eine hochgenaue Positionierung ist ein Einrasten und Verharren in der Schrittposition wichtig, solange das Magnetfeld aufrechterhalten wird. Beim nächsten Stromwechsel in einer Wicklungshälfte wird dann die darauffolgende Schrittwinkelposition eingenommen.

6.8 Konstantstrom

Um ein wirkungsvolles, konstantes Drehmoment zu erzielen, werden die Wicklungen mit Konstantstrom versorgt. Die Wicklungsspannung stellt sich dadurch automatisch ein.

6.9 Drehrichtungsänderung

Ein weiterer Vorteil bei unipolaren Schrittmotoren besteht darin, daß bei Änderung der Reihenfolge der Ansteuersignale auch die Drehrichtung sich ändert. Bei der digitalen Schrittmotor-Ansteuerung braucht daher nur das Steuersignal pegelmäßig invertiert werden, und man erhält eine sofortige Drehrichtungsumkehr unabhängig von dem Zeitpunkt.

6.10 Allgemeine Angaben bei Schrittmotoren

Für den Anwender von Schrittmotoren sind folgende technischen Kenndaten wichtig:

Hersteller	
Type	Schrittmotor-Bauart, Bezeichnung
Ausführung und Ansteuerungsart:	unipolar/bipolar/Phasen/Strang
Nennspannung: (Versorgungsspannungsbereich)	in Volt
Nennspannung:	in Ampere (Betriebsstrom pro Phase)
Leistungsaufnahme:	in Watt (VA)
Max. Betriebsfrequenz:	in Hz
Drehmoment:	Ncm
Haltemoment:	in Ncm
Schrittwinkel pro	
Vollschritt:	in Grad
Schrittzeit:	in ms
Winkelgeschwindigkeit:	Schritte/s
Winkelbeschleunigung:	Schritte/s^2
Motor-Powerrate:	W/s
Wärmewiderstand:	K/W
Anschlüsse:	Kennzeichnung und Anzahl
Wicklungen:	Anzahl
Ohmscher Wicklungs-Widerstand:	in Ohm
Wicklungsinduktivität:	in mH/Wicklung
Mechanische Ausführung und Maße bzw. Maßskizze	

7 Was bei der Mechanik wichtig ist

Die Mechanik-Ausführungen muß jeder Anwender selbst lösen, sofern nicht eine andokfertige Mechanik vorhanden ist.
Dabei sollte folgendes berücksichtigt werden:

1. Der Steppermotor sollte grundsätzlich ein stärkeres Drehmoment entwickeln können, als für die Mechanik im worst case-Fall erforderlich ist. Die mechanische Belastung muß daher geringer sein als die max. Motorkraft. Ebenso muß die Stromversorgung für den Impulsbetrieb reichlich dimensioniert sein.
2. Die feinfühligen, exakten Drehbewegungen eines Steppermotors müssen auch genauso präzise von der Mechanik übertragen werden. Nur so lassen sich die Vorteile eines hochauflösenden Steppermotors nutzen. Die Mechanik darf daher kein Torsionsverhalten oder Getriebespiel bzw. Schlupf aufweisen; sie muß leichtgängig und präzise sein.
3. Beim Betrieb einer empfindlichen Mechanik kann aufgrund der ruckartigen Drehbewegungen von Steppermotoren die Verwendung einer elastischen Kupplung notwendig sein, insbesondere bei Motoren mit größeren Schrittwinkeln.
4. Den Schrittmotor nach Möglichkeit nicht in der Nähe seiner Eigenfrequenz betreiben. Die dabei auftretenden Schwingungen müßten sonst durch zusätzliche Dämpfungsmaßnahmen abgeschwächt werden. Evtl. auftretende Ausschwingungs-Vorgänge sind durch Veränderung der Last bzw. Ansteuerung zu vermeiden.

8 Ansteuerelektronik für Schrittmotoren

Die Steuerelektronik besteht aus der Steuerlogik und dem eigentlichen Treiber, welcher die Bestromung der einzelnen Phasenwicklungen bzw. Stränge durchführt. Der Translater (Ringzähler) erhält die Schrittimpulse sowie das Richtungssignal. Der jeweilige Zählerstand bestimmt das Öffnen und Schließen der Schalttransistoren des Treibers.

8.1 Die Ansteuerbaugruppe

Bei Schrittmotoren müssen die einzelnen Stränge bzw. Motorwicklungen in einer bestimmten Zeitfolge – wie im vorhergehenden Kapitel 6 ausgeführt – bestromt werden. Ferner müssen die unter Strom gesetzten Statorwicklungen mit Konstantstrom versorgt werden, damit der Motor ein optimales Drehmoment entwickelt. Zum Betreiben des Schrittmotors benötigt der Schrittmotor drei Informationen:

1. Motor ein/aus
2. Rechts-/Linkslauf (Drehrichtung)
3. Schritt-Taktrate (Geschwindigkeit)

Diese Anforderungen werden von der Ansteuergruppe nach *Abb. 46* erfüllt. Der Ansteuer-IC4 (L297) besitzt drei Signal-

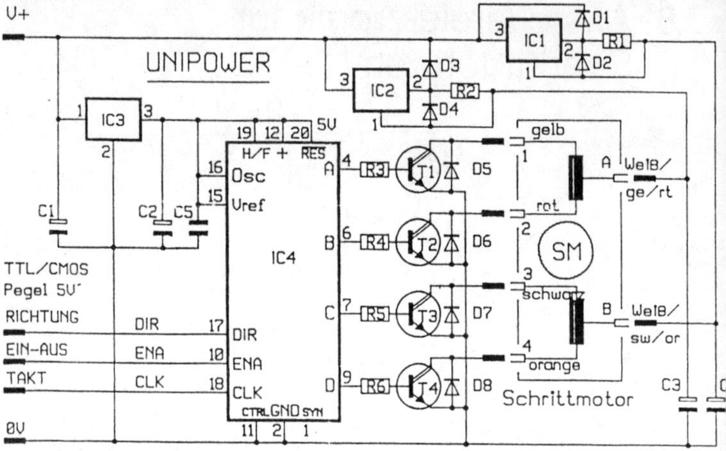

Abb. 46 Treiber für Schrittmotore (Ansteuerbaugruppe SM Unipower, MIR Elektronik, München). Stromversorgung 12...24 V DC.

eingänge CLK für Takt, ENA (enable) für Ein/Aus und DIR für Richtung. Die vier Ausgänge A, B, C und D des IC steuern über die Entkopplungs- bzw. Schutzwiderstände (R3...R6) Darlingtontransistoren mit hoher Stromverstärkung an, welche als Leistungsschalter die Strangströme schalten. Die Schutzdioden D5...D8 schließen die beim Ausschalten der Motorwicklungen auftretenden Induktions-Spitzen. Die Ansteuerung der Leistungs-Darlingtontransistoren D5...D8 erfolgt durch IC4 derart, daß bei jeder fallenden Flanke am Takteingang „CLK“ der Motor um einen Halbschritt weiter (Halbschritt-Logik) dreht. Als Logik-Steuersignale werden ausschließlich Pegel mit 0/+5 V (5-V-TTL-CMOS-Schaltung) verwendet. Andere Pegel sind unzulässig. Die Steuersignale dürfen nur anliegen, wenn das Ansteuermodul an der Betriebsspannung anliegt.

Die Drehrichtung wird durch 0 bzw. +5 V am Eingang „DIR“ bestimmt. Über den Eingang ENA wird bei Anliegen eines L-

Pegels (0 V) der Motorstrom abgeschaltet und durch einen H-Pegel (+5 V) eingeschaltet. Wird die Motorkraft nicht benötigt, so sollte der Motorstrom immer abgeschaltet sein. Die Ausgangsströme betragen 2 × 500 mA und sind änderbar im Bereich von 0...1,5 A. Die erforderliche Kühlung richtet sich danach, die Montage muß isoliert durchgeführt werden.

Die konstant eingeprägten Strangströme berechnen sich aus

$$I = \frac{1{,}2\,V}{R1 \text{ bzw. } R2}$$

Bei der Schaltung nach Abb. 46 wird ein preisgünstiger (unter ca. DM 25,–), leistungsstarker Präzisions-Steppermotor Typ 23LM verwendet mit einem Spannungsbereich von 15...30 V/0,5...1 A/ einem Drehmoment von 17 Ncm.

Bestückung:

IC1/IC2: LM317T, IC3: 7805, IC4: L297, T1–4: BD677, D1–8: 1N4002, R1/R2: 2,2 Ω, R3–6: 330 Ω, C1/C3/C4: 47–100 µF/35 V, C2: 4,7–10 µF.

8.2 Ansteuerung für 5-Draht-Schrittmotoren mit kleinerer Leistung

Eine weitere Ansteuerschaltung für kleinere unipolare 5-Draht-Schrittmotoren für Ströme mit ca. 200 mA, wie diese beispielsweise bei Eigenbau-Plottern, Scannern, Klappen- und Ventilsteuerungen verwendbar sind, zeigt *Abb. 47* (SM-UNI) und Foto S. 82.

Die Ansteuereinheit arbeitet ebenfalls mit Halbschritten, d. h. der Motor kann doppelt so fein positioniert werden und läuft dabei ruhiger als beim Standard-Vollschrittbetrieb. Zum Betrieb genügen drei Signale, nämlich: Start/Stop (+5 V/0), Drehrichtung

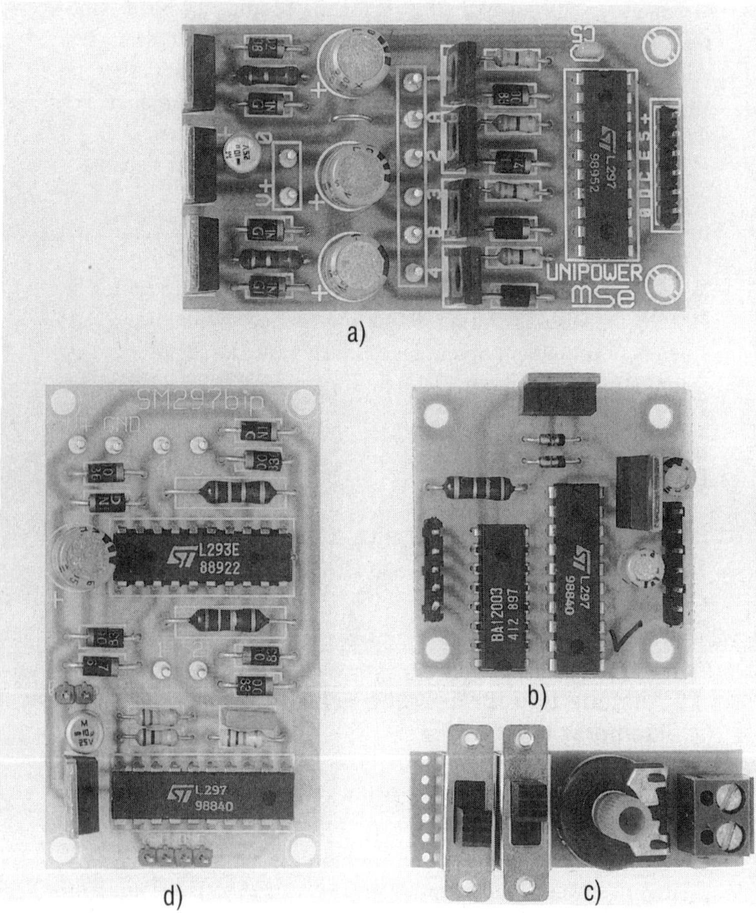

a) Ansteuerbaugruppe für unipolare Schrittmotore (SM-Unipower)
b) Ansteuerbaustein für kleinere unipolare Schrittmotore (SM-UNI)
c) Modul für Handsteuerung eines Schrittmotors (SM-fest)
d) Ansteuerbaustein für bipolare Schrittmotore (SM297bip) (MIR Elektronik)

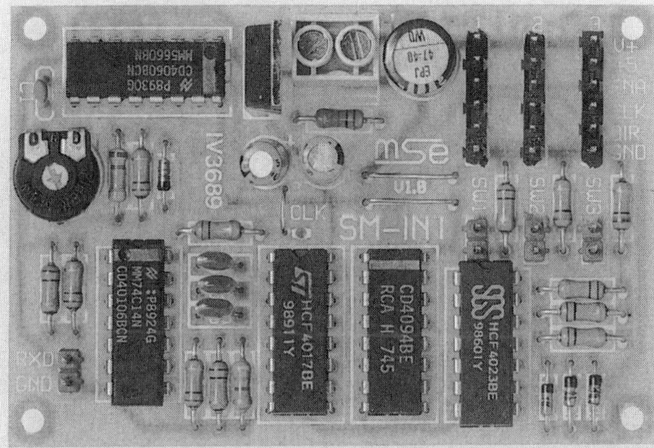

Computer-Interface bis zu 3 Antriebe (SM-INT)

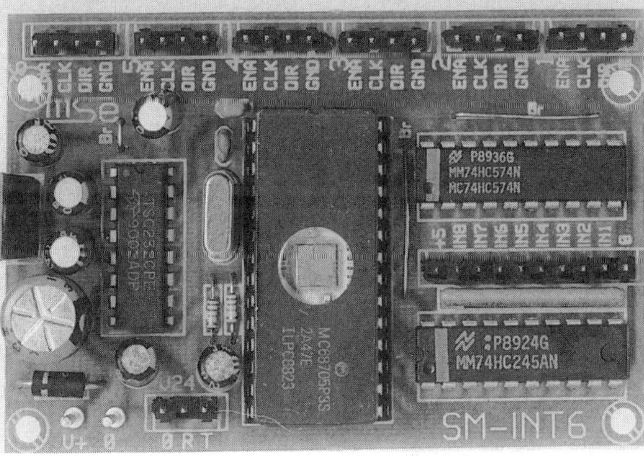

Computer-Interface bis zu 6 Antriebe mit Einchip-Mikrocontroller (SM-INT6). MIR Elektronik, München

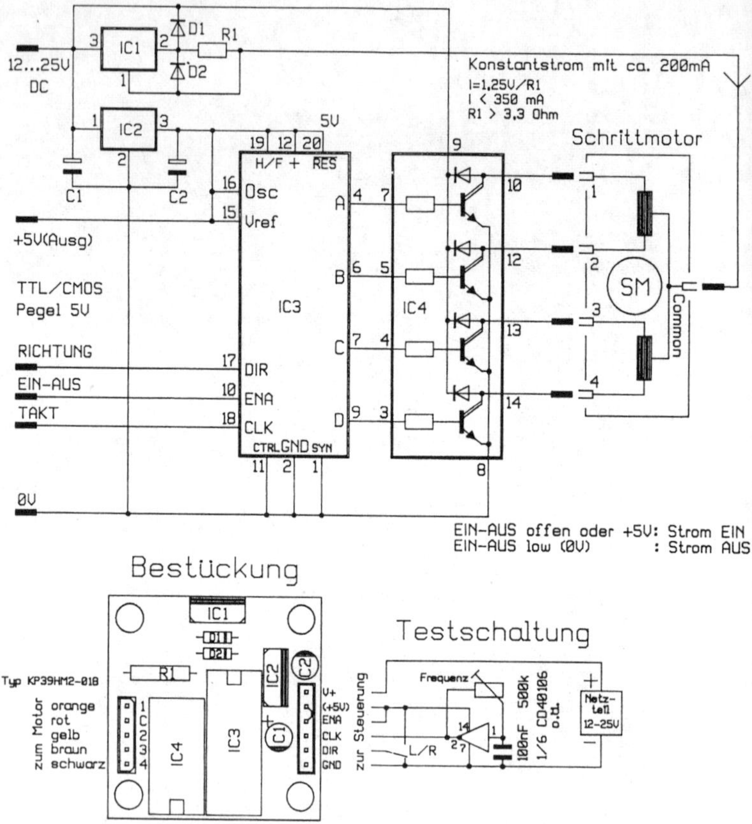

Abb. 47 Ansteuerungsbaustein für 5-Draht-Schrittmotor mit kleiner Leistung. Mit Testschaltung zum Ausprobieren (MIR Elektronik)

und Taktrate. Die Eingänge sind kompatibel zu allen TTL-CMOS-5V-Schaltungen. Die Steuersignale dürfen nur im Bereich 0…+5 V liegen. Negative oder höhere Signalspannungen können den Baustein zerstören.

Ein wesentlich vereinfachter Aufbau und eine Verkleinerung des Ansteuerbausteins wird durch den IC-Aufbau mit der Darlington-Array IC4 erreicht. Der Anschluß von +5 V ist ein Ausgang (max. 5 mA). Der Anschluß einer äußeren Spannung ist hier nicht zulässig. Der Versorgungsspannungsbereich reicht von 12...25 V. Das gesamte Ansteuermodul hat die Größe von ca $40 \times 40 \times 25$ mm und ist beispielsweise leicht auf der Rückseite verschiedener Steppermotore montierbar (z. B. Typ 23 LM). Zur manuellen Steuerung des Schrittmotors für Testzwecke dient die Testschaltung. IC1 = LM317, IC2 = 7805, IC3 = L297, IC4 = L203. D1, 2 = FDH300. R1 = 5,6 Ω. C1, 2 = 6,8 µF/35 V (SM–UNI).

8.3 Ansteuerung für bipolare Schrittmotoren

Zur Ansteuerung von bipolaren, professionellen Schrittmotoren, die teilweise weit unter Fertigungspreis als Sonderposten erhältlich sind, eignet sich das Ansteuermodul nach *Abb. 48* in Chopper-Technik (Type SM-BIP, Foto Seite 82).

Die Ansteuerung erfolgt durch TTL-kompatible 5-V-betriebene Digital-, Logik- oder Computerschaltungen (Centronics-Schnittstelle, Userport beim C64), welche ein Steuersignal für Takt und Drehrichtung liefern. Optional kann mit einem weiteren 0/5-V-Signal der Motorstrom ein- und ausgeschaltet werden (Stand-By-Betrieb). Für die Computersteuerung wird in Kapitel 9 ein dazu passendes Interface für die serielle Normschnittstelle RS232 (Baugruppe „SM-INT“) beschrieben.

Für die Stromversorgung ist lediglich eine unstabilisierte Gleichspannung von 8...30 V erforderlich. Der Ruhestrom beträgt ca. 80 mA, Motorströme ca. 250 mA. Die Strangströme sind

$$I_1 = \frac{U_{ref}}{R_4},\ I_2 = \frac{U_{ref}}{R5},\ \text{normal } I_1 = I_2,\ \text{max. 1 A (je)}$$

wobei $U_{ref} = \dfrac{5U \times R3}{R2 + R3}$ ist.

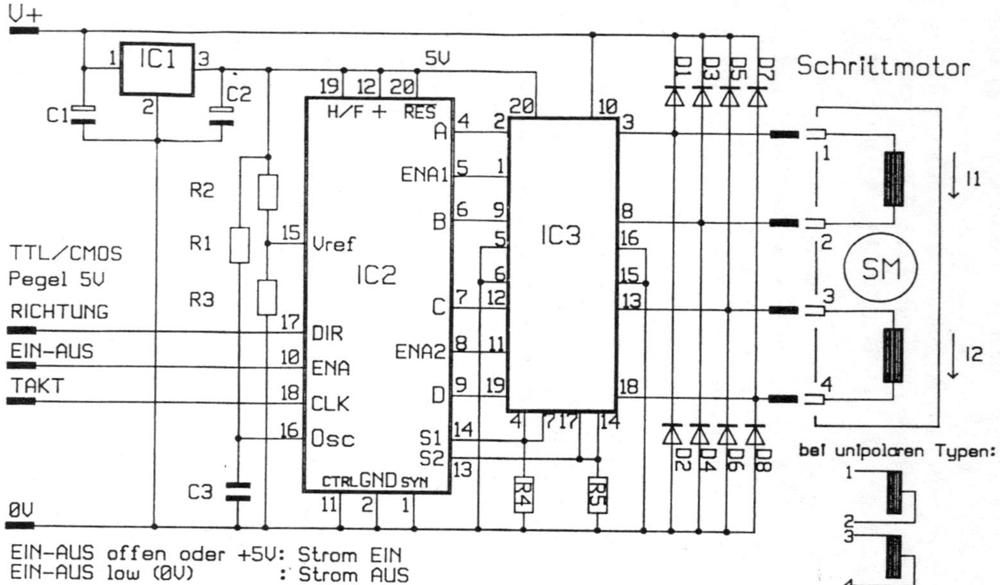

Abb. 48 Ansteuerungsbaustein für bipolare Schrittmotore (Type SM-bip, MIR Elektronik)

Offene Eingänge verhalten sich wie H-Potential (+5 V).
Ein/Aus offen: Strom eingeschaltet. Isolierte Montage.
Für Wärmeableitung ist zu beachten:

IC1: 7805, IC2: L297, IC3: L293E, D1–8: 1N4004, C3: 2211, R1: 22 K, R2: 10 K, R3: 1 K, R4, 5: 1,8 Ω

8.4 Anwendungen

8.4.1 Einfache Ablaufsteuerung als Hardware

Für einfache Anforderungen – wie beispielsweise für Demonstrationszwecke und den Einstieg – ist ein einfacher Taktgenerator und ein Pegelumschalter nach Abb. 47 als Steuerteil verwendbar. Eine solche „Handsteuerung für Schrittmotorantriebe" ist auch als Test-Modul (SM-Test S. 82 und 84) lieferbar. Folgende Steuerbefehle können damit dem Steppermotor mit Interface erteilt werden:

Motor Start/Stop
Motor Drehgeschwindigkeit links/rechts
Motor-Geschwindigkeit

8.4.2 Ohne Takt läuft nichts

Da der Stepper mit jeder fallenden Flanke am Takteingang „CLK" um einen Halbschritt weiter gedreht wird, muß bei manueller Schalterbetätigung ein derartiger Schaltimpuls erzeugt werden. Ein solcher Impuls wäre mit einem mechanischen Schalter nach *Abb. 49a* realisierbar, wenn der Schalter prellfrei wäre, was sonst zur Mehrfachauslösung von Impulsen und damit zu unerwünschten Fehlschritten führen kann. Unter Schalterprellen versteht man ein mechanisch bedingtes, kurzzeitig mehrfaches Öff-

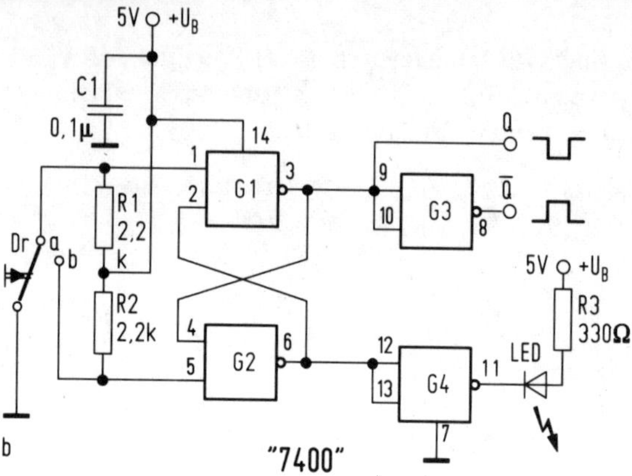

b

Schalter-stellung Dr	Ausgang Q	Ausgang $\bar{Q}$	LED-Anzeige
b	L	H	leuchtet
a	H	L	erloschen

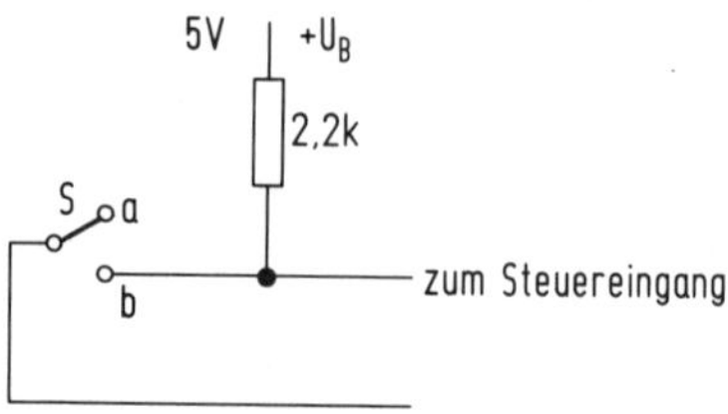

a

Abb. 49 a) Schalter, nicht entprellt; b) Entprellschaltung für elektromechanische Taster

nen und Schließen der Schalterkontakte, die durch ein federndes Kontaktmaterial auftreten können. Abhilfe schafft hier eine Entprellschaltung für elektromechanische Taster und Schalter nach *Abb. 49b*. Das Flip-Flop liefert ausgangsseitig eindeutige Schaltzustände nach der Wahrheitstabelle, wobei die ausgangsseitige Schaltzustandsänderung durch eine LED angezeigt wird.

9 Steuerung mit PCs

9.1 Hard- und Software

Der Entwickler von Ablaufsteuerungen hat zur technischen und wirtschaftlichen Optimierung die Möglichkeit, Hardware durch Software und umgekehrt zu ersetzen.

Das Programm kann auch auf einen *Einchip-Mikro-Controller* übertragen werden, so daß die Software wieder zur Hardware wird. Das kann durch einen programmierbaren „PROM" (**Pro**grammable **R**ead **O**nly **M**emory)-Speicher erfolgen, indem die Prozeßinformation einmalig und nicht mehr korrigierbar abgelegt wird oder wie in einer folgenden Anwendung mit einem EPROM (**E**rasable **P**rogrammable **R**ead **O**nly **M**emory = lösch- und programmierbarer Nur-Lese-Speicher).

Dieser Festwertspeicher kann mit UV-Strahlung gelöscht und danach neu programmiert werden. Sein Informationsinhalt bleibt auch bei Abschaltung der Betriebsspannung erhalten. Er ist nicht „flüchtig". Gegenüber festverdrahteten Logiken haben speicherprogrammierbare Steuerungen (SPS) den Vorteil der Flexibilität.

Softwarelösungen führen zur Hardwareersparnis an ICs, Leiterplatten, Serviceaufwand und sind äußerst flexibel im Hinblick auf Änderung von Funktionsabläufen. Hierzu sind keine Schaltungs-, Aufbau- und Verdrahtungsänderungen erforderlich, sondern lediglich eine Korrektur oder Ergänzung von Befehlen.

Hauptnachteil von Softwarelösungen ist die niedrige Verarbeitungsgeschwindigkeit bzw. Ausführungszeit von Programmbefehlen einer bestimmten Programmiersprache. Diese können sich bis in den Millisekundenbereich verzögern, während die Arbeitsgeschwindigkeiten im Nanosekunden-Bereich liegen.

In wirtschaftlicher Hinsicht spielt der größere Programmierzeitaufwand, Dokumentationskosten, Testzeit und meistens weniger der vergrößerte Speicherbedarf eine Rolle.

9.2 Computer-Interfaces

Es liegt nahe, zur Steuerung immer wiederkehrender Prozeß- oder Bewegungsabläufe einen Computer zu verwenden.

Zum Anschluß peripherer Geräte wie Motore, Relais, Meßfühler sind zusätzliche Schaltungen, die als „Schnittstelle" oder Interfaces bezeichnet werden, erforderlich. Diese müssen dafür sorgen, daß die von einem peripheren Gerät gelieferten Signale und Übertragungsgeschwindigkeiten von einem Computer verarbeitet werden können wie auch sicherstellen, daß die von peripheren Geräten erforderlichen Spannungspegel, Stromstärken, Leistungen, Signalformen, die der Computer häufig nicht bereitstellen kann, zur Verfügung stehen.

9.3 Interface für drei Antriebe

Genau diesen Zweck erfüllt beispielsweise das Computer-Interface nach *Abb. 50* mit der Bezeichnung SM-INT (Foto S. 83).

Das Interface dient zur Verwaltung von drei Antrieben. Es ist an einen Rechner mit serieller RS232-Normschnittstelle anschließbar. Zusätzlich benötigt man natürlich Schrittmotoren mit Ansteuerbausteinen (z. B. nach Abb. 46, 47 und 48, pro Antrieb 1 Stück) sowie ein ausreichend ausgelegtes Netzteil zur Stromversorgung der Schrittmotoren, Interface, Ansteuerbausteine bzw. Schaltstufen zum Betrieb von Aktoren (z. B. Hubmagnete). Das Interface ist als Baustein ausgeführt mit Spannungsreglern „on board", so daß dieses direkt mit der DC-Niedervolt-Stromversorgung der Motoren betreibbar ist.

Bestückung

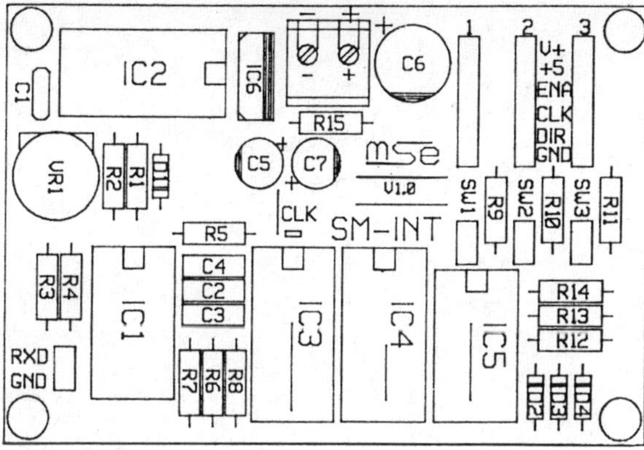

Funktion

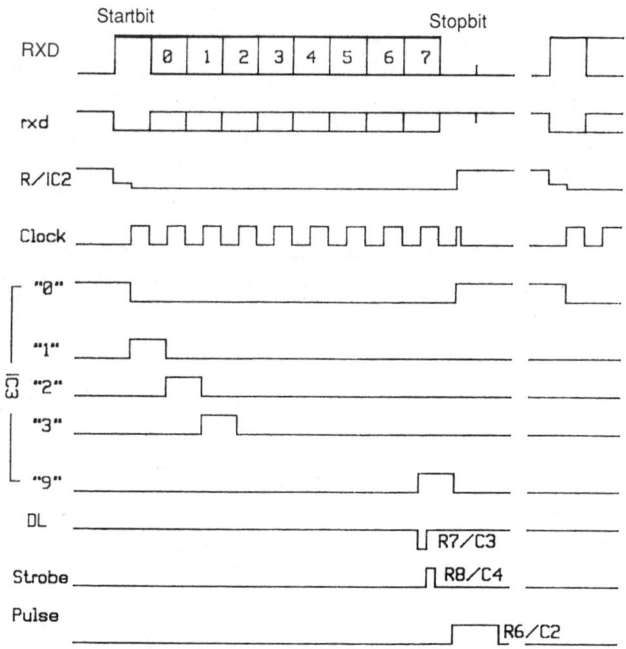

Abb. 50

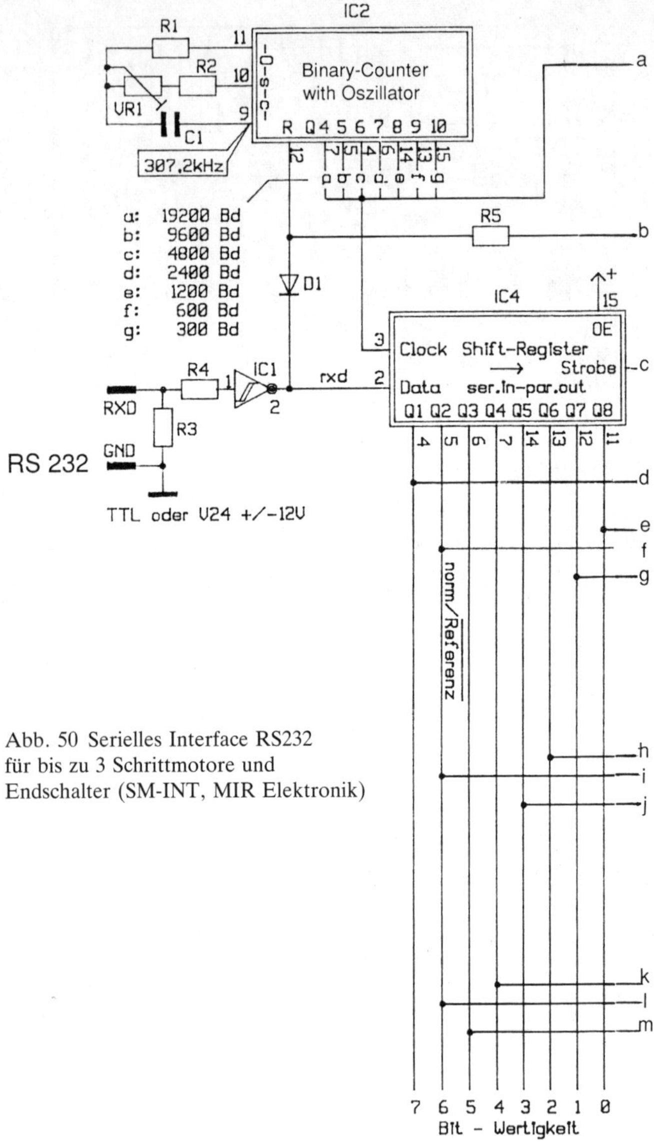

Abb. 50 Serielles Interface RS232 für bis zu 3 Schrittmotore und Endschalter (SM-INT, MIR Elektronik)

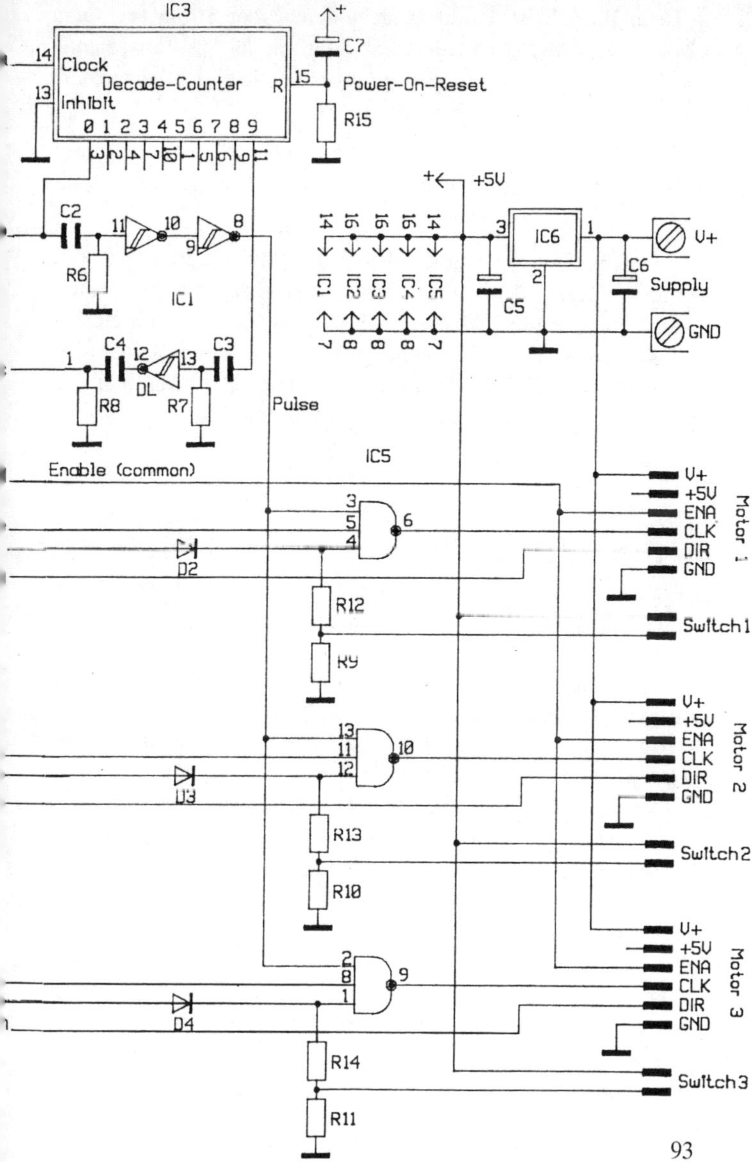
IC3
Clock
Decade-Counter
Inhibit
R
0 1 2 3 4 5 6 7 8 9
C7
Power-On-Reset
R15
C2
R6
IC1
C4
DL
C3
R8
R7
Pulse
+5V
IC6
C5
C6
V+
Supply
GND
IC1 IC2 IC3 IC4 IC5
Enable (common)
IC5
D2
R12
R9
Switch1
V+
+5V
ENA
CLK
DIR
GND
Motor 1
D3
R13
R10
Switch2
Motor 2
D4
R14
R11
Switch3
Motor 3

Beim Betrieb ist darauf zu achten, daß der Strom erst dann eingeschaltet wird, wenn alle Verbindungen überprüft und richtig angeschlossen sind. Die Versorgungsspannung darf dabei auch im Leerlauf 35 V nicht überschreiten.

Der Betrieb mit Computer)*

Zur Verbindung Computer RS232-Schnittstelle-Interface (im Computer-Handbuch vorher überprüfen) genügen zwei Drähte: Signalleitung RXD und Masse GND. Damit das Computerbetriebssystem keine Fehlermeldung anzeigt, sollten außerdem die „Handshake"-Leitungen gebrückt werden. Der Anschluß ist daher folgendermaßen durchzuführen:

	Sub-D 25polig	Sub-D 9polig
RXD	Pin 2	Pin 3
GND	Pin 7	Pin 5
Brücke 1	Pins 4+5	Pins 7+8
Brücke 2	Pins 6+8+20	Pins 1+4+6

Die Übertragungsvereinbarungen von Computer und Interface müssen übereinstimmen.

Auf jeden Fall darf kein Paritybit sondern ein Stopbit gesendet werden. Die Übertragungsgeschwindigkeit darf 300–600–1200–2400–4800–9600–19200 Baud betragen und muß bei Computer und Interface gleich eingestellt sein. Beim Computer erfolgt diese Einstellung durch eine entsprechende Programmierung, beim Interface ist die entsprechende Lötbrücke „a...g" auf der Lötseite zu realisieren. Zur Beachtung: Es darf nur *eine* Lötbrücke existieren! Der Trimmer VR1 hat mit den verschiedenen Baud-Raten nichts zu tun und bleibt stets unverändert. Mit VR1 wird nur der „Urtakt" der Baugruppe eingestellt (siehe Abb. 50).

---

*) aus Anleitung

9.3.1 Stückliste:

IC1: 40106, IC2: 4060, IC3: 4017, IC: 4094, IC5: 4023, IC6: 7805, D1–4: 1N4148, R1/3–7/9–15: 10 kΩ, R2: 18 kΩ, R8: 4,7 kΩ, VR1: 25 kΩ, C1: 33 pF, C2–4: 3,3 nF, C5/7: 10 µF, C6: 47 µF

9.3.2 Programmierung:

Hierzu gibt es für IBM-MS/DOS-Rechner eine Diskette mit Basic-Beispielprogrammen und eine Diskette mit professionellen HPG-Plotter-Interpreter.

Die folgenden Programmierbeispiele beziehen sich auf das Standard-BASIC von MS-DOS-PCs. Die sinngemäße Übertragung auf andere Rechner und Programmiersprachen dürfte keine Probleme aufwerfen.

Zuerst ein einfacher Test: Schließen Sie die Anordnung nach Anleitung an und programmieren Sie:

```
OPEN "COM1:9600,N,8,1" AS #1
FOR N=1 TO 1000
PRINT #1, CHR$(255)
NEXT N
CLOSE 1
```

Damit müßten sich die Motorachsen 1000 Schritte weit nach links drehen.

Wenn dieser erste Test andere Ergebnisse liefert, dann hat sich ein Fehler eingeschlichen, der kontrolliert und behoben werden muß.

Die Steuerung per Programm im Detail:

Für die Steuerung sämtlicher möglichen Funktionen genügt EIN Byte. Die einzelnen 8 Bits des Bytes bestimmen, ob der Motor x überhaupt und in welcher Richtung er drehen soll. Jedes übertragene Byte löst *einen* Taktimpuls aus, womit die Motoren *einen* Schritt zurücklegen.

Bit	7	6	5	4	3	2	1	0
Wertigkeit	128	64	32	16	8	4	2	1
Bedeutung	AUX	JUST	L/R3	ENA3	L/R2	ENA2	L/R1	ENA1

	Bit = 0	Bit = 1
ENA:	Motor steht	Motor läuft
L/R:	Motor dreht rechts	Motor dreht links
JUST:	Motor dreht, wenn Kontakt zu	Motor dreht unabhängig vom Kontakt
AUX:	Motorstrom aus (Standby)	Motorstrom ein

ENA und L/R sind pro Motor getrennt unabhängig, JUST und AUX für alle Motoren gemeinsam steuerbar, wobei selbstverständlich jeder Motor seinen eigenen Endschalterkontakt besitzt.

Noch ein paar Tips zum Thema Endschalter:

Schrittmotoren sind das ideale Mittel für genaue, beliebig steuerbare *Relative Bewegungen*. Natürlich läuft praktisch jede Anwendung auf eine *Absolute Bewegung* hinaus. Dazu muß das Positioniersystem am Anfang eine genaue Nullage einnehmen, auf die das Rechnerprogramm dann stets Bezug nimmt. Profis arbeiten nur mit Endschaltern!

Das Interface stellt dazu eine logische Verknüpfung bereit: Wenn das Bit „JUST“ logisch Null ist, dann dreht der Motor nur, wenn der Endschalterkontakt geschlossen ist. Das Bit „JUST“ gilt für alle Motoren, ansonsten ist jeder Motor unabhängig steuerbar, also ob er den Justagelauf überhaupt mitmachen soll und in welcher Richtung. Die Anzahl der Schritte muß so gewählt werden, daß die Justage unter Berücksichtigung des längst möglichen Weges Erfolg hat.

Je nach Mechanik kann das Anfahren der Nullposition mal so mal so zu realisieren sein. Hier eine Methode, die immer klappt und bei der Sie nur noch die Richtungen und die Anzahl von Motorschritten anpassen müssen:

1. „Vorjustage": Steuerbyte 10111111
   Anzahl Schritte, so daß auch der weiteste Weg zurückgelegt werden kann,

d. h. die Motoren drehen nach links, wenn der Kontakt geschlossen ist, so lange bis er öffnet. Wenn der jeweilige Kontakt von Anfang an offen ist, dann bleibt der jeweilige Motor von Anfang an stehen. Das heißt aber noch lange nicht, daß die Nullposition dann bereits genau eingenommen ist, denn der Kontakt ist ja nicht genau einen Schritt lang offen, sondern kann z. B. auch 100 Schritte lang offen sein. Also geht's noch weiter:

2. „Dejustage": Steuerbyte 11010101 mit
   Anzahl Schritte, so daß mit Sicherheit alle Endschalter schließen,

d. h. die Motore drehen wieder so retour, daß *alle* Endschalter mit Sicherheit geschlossen sind.

3. „Endjustage": Steuerbyte 10111111
   Anzahl Schritte, so daß mit Sicherheit alle Endschalter öffnen werden,

d. h. jeder einzelne Motor wird jetzt auf jeden Fall wieder auf den Endschalter hinlaufen und zwar genau so weit, bis sein Endschalter gerade öffnet.

Damit sind die Nullagen auf den Schritt genau eingenommen und die Anwenderbewegungssteuerung kann beginnen.

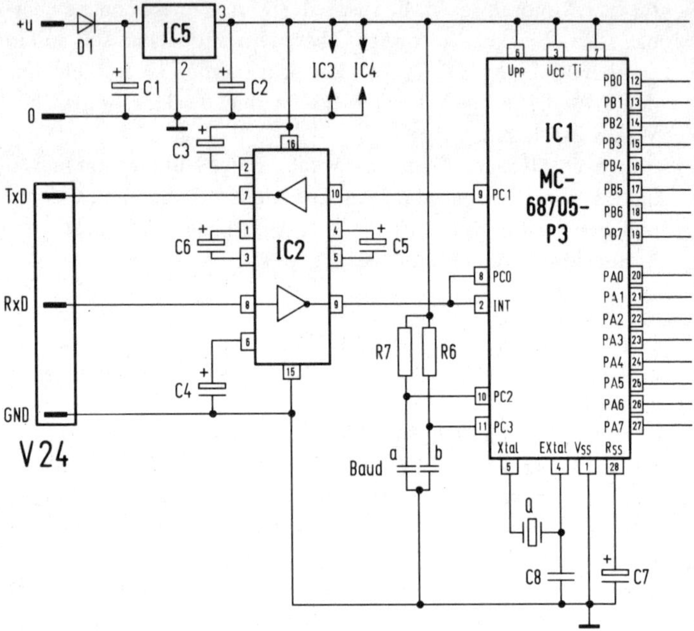

Abb. 51 Intelligentes Computerinterface für bis zu 6 Antriebe, mit Einchip-Microcontroller (MIR Elektronik)

9.4 Ein intelligentes Computerinterface für Schrittmotortechnik mit Einchip-Microcontroller

Das Computerinterface nach *Abb. 51* ermöglicht die Ansteuerung von bis zu 6 Motorsteuerungen mit Rückmeldung der Zustände von 6 Endschaltern und zwei weiteren Eingängen an den Computer. Der Anschluß erfolgt über Normschnittstelle RS232/V24 mit dreiadriger Leitung.

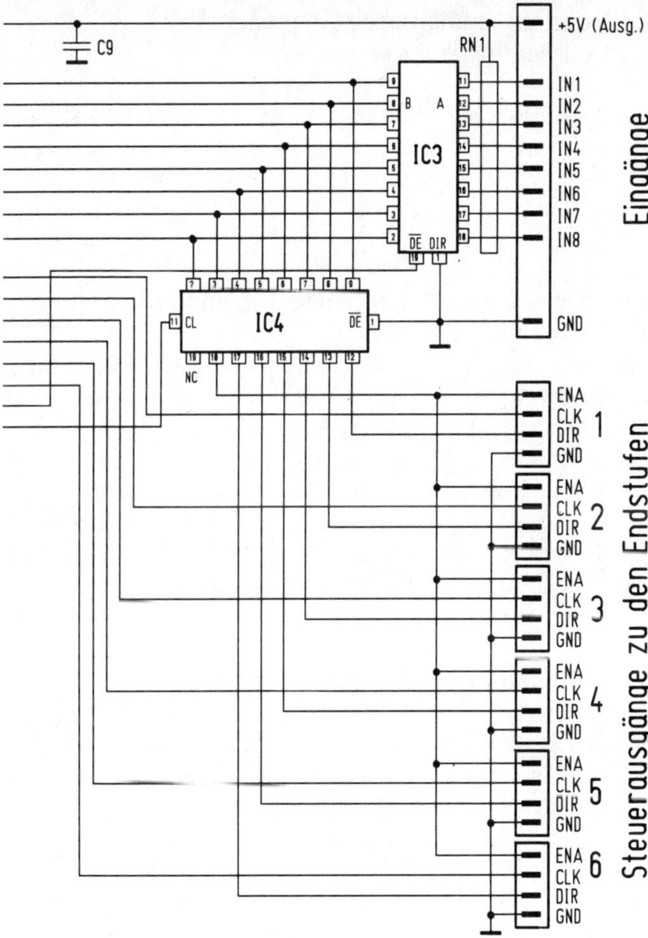

C9
RN1
+5V (Ausg.)
IC3
B
A
DE
DIR
IN1
IN2
IN3
IN4
IN5
IN6
IN7
IN8
Eingänge
IC4
CL
DE
NC
GND
ENA
CLK
DIR
GND
1
2
3
4
5
6
Steuerausgänge zu den Endstufen

9.4.1 Interfacebetrieb ohne Computer („Stand alone“-Verwendung)

Das Interface kann auch eigenständig, d. h. ohne Computer betrieben werden. Im Lieferzustand ist ein Testprogramm („Selbsttest“) programmiert, das durch eine bloße Drahtbrücke auf der Platine aktiviert wird.

9.4.2 Mit anwenderspezifischem Programm

Anstelle des Testprogrammes kann das Eprom des Microcontrollers mit der Software „Teach in“, die der Anwender nach seinen Wünschen erstellt hat, im Werk geladen werden. Damit kann eine automatische Ablaufsteuerung realisiert werden, ohne daß hierzu der eigene Computer blockiert wird oder weiterhin hierfür erforderlich ist. Programmierbare Microcontroller werden zunehmend wegen ihrer flexiblen Anpassung bei geringem Bauteileaufwand für die jeweilige Aufgabenstellung verwendet.

9.5 Schaltstufe für Computer-Interface

Bei den Computer-Interfaces nach Abb. 50 und 51 lassen sich anstelle von Schrittmotorantrieben auch „Aktuatoren“, wie z. B. Elektromagnete, Relais betreiben. Zur Ein/Aus-Steuerung dient das Richtungssignal „DIR“ eines beliebigen Kanals. Alle anderen Informationen wie „CLK“/„ENA“/„Justage“ haben auf die Aktuator-Steuerung keinen Einfluß. Der Aktuator ist bei programmierten „DIR“ = logisch 1 (High) eingeschaltet und bei logisch 0 (Low) ausgeschaltet. Das setzt die Verwendung von npn-Darlington-Schaltstufen nach *Abb. 52* voraus, deren Ausführung sich nach dem geforderten Last-Schaltstrom richtet. Bei Verwendung von pnp-Darlingtons nach Abb. 52b wird ein umgekehrtes Schaltverhalten erreicht.

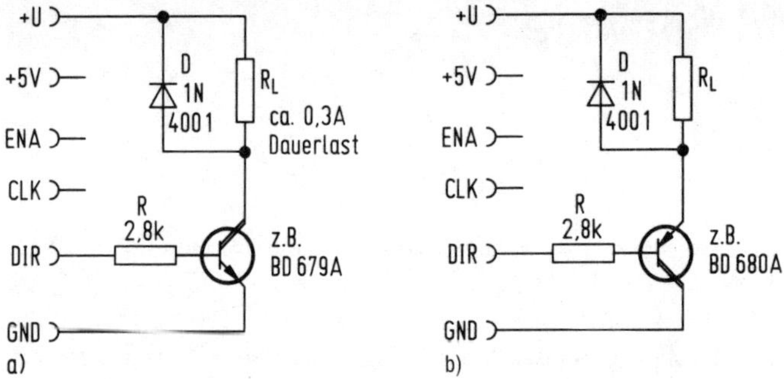

Abb. 52 a) Schaltstufe für Computer-Interface (Aktuator); b) Schaltstufe mit umgekehrtem Schaltverhalten

Stückliste Computerinterface nach Abb. 51

IC1: MC68705P3S (programmierter Mikrokontroller), IC2: TSC232, IC3: 74HC245; IC4: 74HC574, IC5: 7805, D1: 1N4001, R6/7: 10 kΩ, RN1: 8×4, 7 kΩ, C1: 100 μF/35 V, C2–7: 10 μF/ 35 V, C8: 27 pF, C9: 0,1 μF, Q: 4 MHz

Zur Beachtung:
Das Computerinterface kann nicht direkt Schrittmotore ansteuern. Je nach Motortyp bzw. Aktuator sind hierfür geeignete Ansteuermodule (s. Kapitel 8) zu verwenden.

10 Software

Die Hardware wird „bewegt" durch eine Software mit der Bezeichnung „Teach in". Diese ist als 3,5-Zoll- und 5,25-Zoll-Diskette erhältlich (MIR Elektronik, München). Die Software ist für IBM-kompatible PCs unter MS-DOS geschrieben (W. Schreieröder, Kirchheim).

Bei Aufruf des Programms können mit einfachen und logischen Eingaben die Betriebsarten bestimmt und die Antriebe mit Cursor-Tasten an die jeweiligen gewünschten Endpositionen eines Abschnittes bewegt werden. Nach Erreichen der Endpositionen der verschiedenen Abschnitte können diese aneinandergekettet gespeichert werden. Das Ablaufprogramm kann mühelos zu einem späteren Zeitpunkt durch Einfügen oder Löschen bestimmter Positionen abgeändert werden. Zur Kontrolle kann man jede gespeicherte Position auch im Einzelschrittmodus sowohl vor- wie auch rückwärts anfahren und gegebenenfalls die Positionsdaten korrigieren.

Das Ergebnis ist eine „Bewegungs-Steuerdatei", die bei Aufruf den „angelernten" Bewegungsablauf automatisch steuert. Das kann je nach Anforderung einmal – mehrmal oder unendlich sein.

10.1 „Teach in" heißt Anlernen

Das Programm erwartet das Computerinterface „SM-INT6" siehe Abb. 51 am seriellen Port COM1 (anderes ist z. Zt. nicht möglich). Wenn man nach Anschluß der Antriebskonfiguration das Programm „Teach in" aufruft, erscheint unmittelbar auf dem Bildschirm ein Arbeitsformular nach *Abb. 53*. Die Auswahlmöglichkeiten per Pull-down-Menüs erreicht man mit der Leertaste.

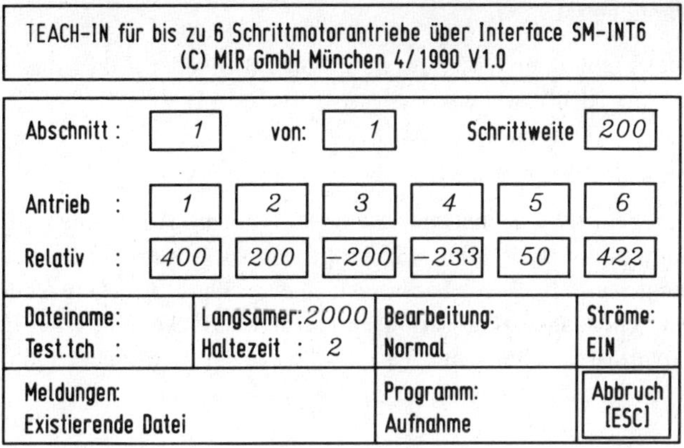

Abb. 53 Bildschirm-Arbeitsformular (Software TEACH IN)

Mit der Cursor-Taste kann man von Menü zu Menü, von Zeile zu Zeile springen. Ihre Entscheidung bestätigen Sie mit der ENTER-Taste oder Sie brechen mit der Taste ESCAPE einfach ab. Die Auswahl des Antriebs erfolgt mit einer der Tasten 1...6. Der gewählte Antrieb ist durch Invers-Darstellung der Antriebsnummer leicht erkennbar. Die Bewegung des Antriebs erreichen Sie mit den Cursor-Tasten „links/rechts“.

„Wiedergabe“:

Auch hier über Menü, zu empfehlen aber die logisch zugeordneten Direkttasten.

(Home): Ersten Abschnitt ausführen
(End): Alle Abschnitte ausführen (Totale Wiedergabe)
(PgDn): Nächsten Abschnitt ausführen
(PgUp): Zurück bewegen zum vorherigen Abschnitt

„Parameter“:

Über Menü oder Direkttasten mit anschließender Zahl-Eingabe:
(s): Schrittweite
(l): Langsamer
(h): Haltezeit

Die „Schrittweite“ hat nur Auswirkung beim „Aufnehmen“. Sie bestimmt, wieviele Motorschritte pro Cursor-Tastendruck zurückgelegt werden. Somit kann auch über größere Strecken schnell bzw. eben auch fein verfahren werden. Drückt man nach der Cursortaste nochmal eine Taste, während der Antrieb noch fährt, so bewirkt dies einen Stop.

Außerdem Schnellumschaltung der Schrittweite:

(+): bewirkt Verzehnfachung
(–): bewirkt Zehntelung der Schrittweite

Das reine Wiedergabeprogramm PLAY:

Damit lassen sich per Teach-in auf Diskette gespeicherte Dateien ohne „Drum-herum“ in Bewegung umsetzen. Es gibt keinerlei Bedienung oder Bildschirmmeldungen, wodurch sich PLAY auch von anderen Programmen aus aufrufen läßt.

Mit dem Programmaufruf wird der Dateiname und die Anzahl der Ausführungen mit übergeben. Z. B.

PLAY demo.tch	Einmalige Ausführung
PLAY hugo.tch (20)	20malige Ausführung
PLAY mist.tch (*)	Endlose Ausführung (Abbruch mit beliebiger Taste)

Hinweis zur „Justage“:

Jeder schrittmotorbetriebene Apparat muß zuerst „seinen Anfang“ finden. Dazu dient die Betriebsart „Justage“, was heißt, daß die Schrittmotore so lange Takt erhalten, wie ihr Endschalterkontakt nicht betätigt ist.

Die Verwaltung der Takte im Justage-Betrieb erledigt das „SM-INT6“ selbst. Das Steuerprogramm muß aber dafür sorgen, daß die Drehrichtungen stimmen (auf den Endschalter hinzu und nicht weg davon) und auf jeden Fall genügend Takte gesendet werden, damit jeder Antrieb auch im ungünstigsten Fall seinen Endschalter erreicht. Die Schritte-Angaben unter „Justage“ sind also als Anzahl schlimmstenfalls notwendiger Takte zu verstehen, damit der Antrieb sein Ziel garantiert erreicht. Nutzen Sie unbedingt Justage-Möglichkeit!

Nachsatz:
Dieses Programm und die Schnittstellenelektronik als Fertig-Bausteinsystem ist ein Beispiel, wie verhältnismäßig problemlos und kostengünstig heute Schrittmotor- wie auch Aktuatorsteuerungen realisierbar sind.

Für Einsteiger und Kostenbewußte ist es meistens günstiger, fertige Bausteine zu erwerben, als Zeit zu vergeuden, bis es funktioniert.

11 A/D- und D/A-Wandler

Die Aufnahme bzw. Erfassung physikalischer Größen (z. B. Temperatur, Gewicht, Kraft) ist häufig nur in analoger Form möglich. Eine Veränderung solcher Größen kann unendlich viele Zwischenwerte zwischen einem Minimal- und Maximalwert einnehmen.

Um solche analoge Signale verarbeiten zu können, müssen diese entsprechend umgeformt werden. Das Bindeglied zwischen analoger und digitaler Signalverarbeitung sind A/D- und D/A-Wandler bzw. Konverter oder besser als Umsetzer bezeichnet.

PC-Kommunikation

Eine Verarbeitung analoger Signale durch einen Rechner setzt eine A/D-Umformung voraus und zur digitalen Datenausgabe eines Computers wird ein D/A-Wandler als Interface zur analogen Weiterverarbeitung als Steuer- oder Meßsignal benötigt. Der Rechner kann nur digital mit seiner Peripherie kommunizieren.

11.1 U/F-Wandler

Eines der häufigsten Verfahren der Digitalisierung eines analogen Signals ist die Spannungs-Frequenzumsetzung durch einen U/F-Wandler. Er liefert eine der Eingangsspannung proportionale Ausgangsfrequenz.

Das Blockschaltbild eines Spannungs-Frequenzwandlers (U/F), der auch als Frequenz-Spannungswandler (F/U) extern beschaltbar ist, zeigt *Abb. 54a*.

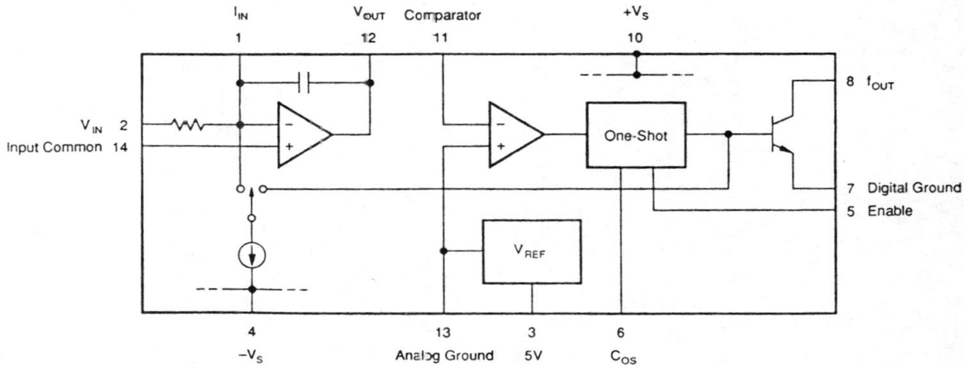

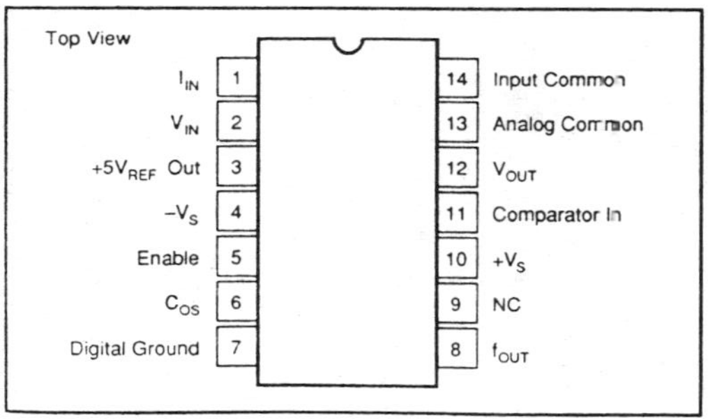

Abb. 54 a) Innenschaltung U/F-Wandler VFC110 (BURR-BROWN) mit Anschlußbelegung

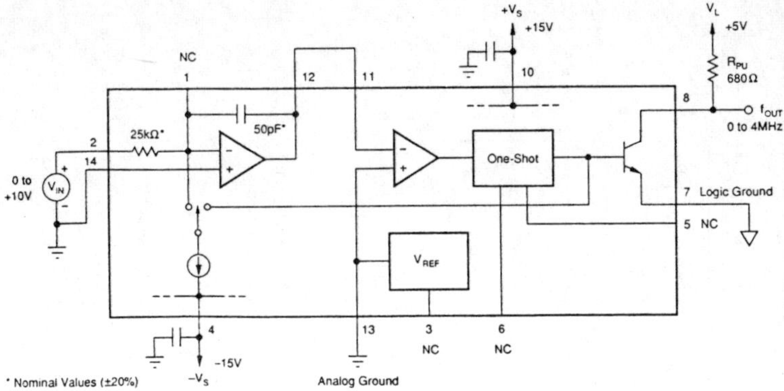

Abb. 54 b) U/F-Wandler 0…10 V/0…4 MHz (BURR-BROWN)

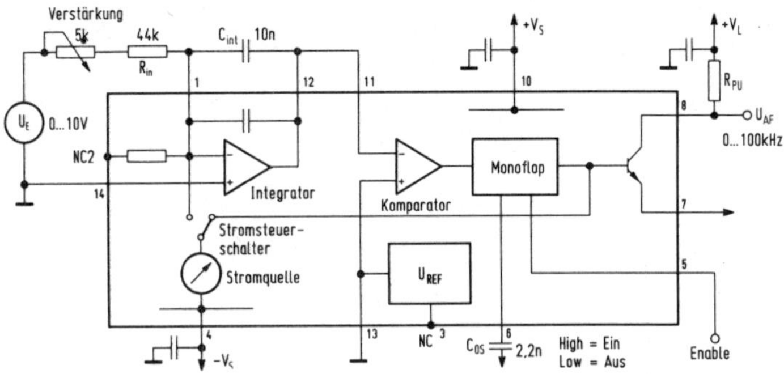

Abb. 54 c) U/F-Wandler in der Beschaltung 0…10 V/0…100 kHz

Die Innenschaltung besteht aus einem Integrator, einem Komparator mit Spannungsreferenz, einem Monoflop mit Enable-Anschluß sowie einem Open-Kollektor-Transistor-Ausgang.

Der eingangsseitige Analogintegrator besteht aus einem Operationsverstärker mit dem Integrationskondensator C_{int} im Gegenkopplungspfad sowie dem Eingangswiderstand R_{in}. Eine Eingangsspannung verursacht einen Strom, der über R_{in} und C_{int} fließt und den Kondensator so lange entlädt, bis die Kondensatorspannung die Referenzspannung des Komparators unterschreitet. In diesem Moment schaltet der Komparator schlagartig um und triggert ein Monoflop, welches für eine exakt festgelegte Zeit (t_{met}) die Kapazität mit einem konstanten Strom lädt. Während der metastabilen Zeitphase des Monoflops ist die Referenzstromquelle mit dem Integrator-Eingang verbunden. Der so gesteuerte Strom bewirkt, daß der Integrator-Ausgang bis zum Ende der metastabilen Phase positiv ist. Dann beginnt wieder der Zyklus von neuem. Den Spannungsverlauf über den C_{int} zeigt *Abb. 55*. Je höher die Spannung am Eingang ist, um so schneller wird der Integrations-Kondensator entladen und der durch den Komparator gesteuerte Ladevorgang wiederholt sich periodisch. Am Ausgang tritt ein rechteckförmiges Signal auf, dessen Frequenz proportional der Höhe der Eingangsspannung ist.

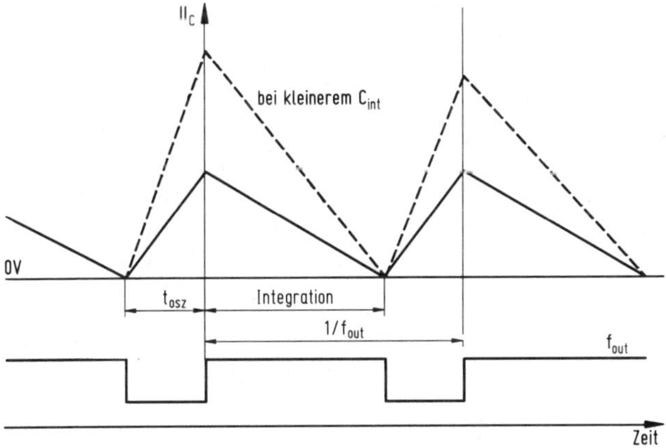

Abb. 55 Spannungsverlauf bei C_{int} (Pin 12)

Die Oszillation wird durch die Übereinstimmung zwischen Eingangs- und durchschnittlichem Rücksetzstrom geregelt. Dabei ist

$$I_{in}\ I_{Ref} * \text{Impulsperiode}\ V_{in}/R_{in} = I_{Ref} * f_{out} * T_0$$

wobei T_0 die Zeitdauer der instabilen Phase des Monoflops und f_0 die Frequenz des Ausgangssignals ist.

Praktische Hinweise zum VFC110

Der U/F-Wandler arbeitet bis max. 4 MHz (Endausschlag, FS = Full Scale). Seine Linearität beträgt typisch ±0,02% bis 2 MHz. Eine 5-V-Präzisions-Referenzquelle befindet sich „on board". Diese kann auch zur Speisung eines Sensors bzw. einer Sensor-Brückenschaltung verwendet werden (max. 20 mA). Der Enable-Anschluß ermöglicht den Parallelbetrieb mehrerer U/F-Wandler, Multiplexbetrieb oder einfach die Unterbrechung des Wandlerbetriebes. Der Open-Kollektorausgang ist TTL/CMOS-kompatibel und ermöglicht den Anschluß eines Optokopplers oder einer LWL-Sendediode zur galvanischen Trennung oder LWL-Übertragung des digitalisierten Signals. Der max. Kollektorstrom darf 8 mA betragen.

Beschaltung:

f_{FS} Frequenz	R_{in}	C_{os}	C_{int}
2 MHz	34 kΩ	56 p	
1 MHz	40 kΩ	150 p	
0,5 MHz	58 kΩ	330 p	2 n
100 kHz	44 kΩ	2,2 n	10 n
50 kHz	88 kΩ	2,2 n	0,1 µ
10 kHz	44 kΩ	22 n	0,1 µ

Die Abb. 54c zeigt die Beschaltung als U/F-Konverter 0…10 V/0…100 kHz.

11.2 F/U-Wandler

Der VFC110 kann auch als F/U-Wandler verwendet werden *(Abb. 56)*. Dabei wird die Eingangsfrequenz dem Komparatoreingang zugeführt. Ein nach Null abfallender negativer Impuls bewirkt einen Referenzstromimpuls, der durch den Integrator auf einen Mittelwert gebracht wird. Die Werte des Monoflops sind dabei die gleichen wie bei der Beschaltung als U/F-Wandler.

Vor- und Nachteile von U/F-Wandlern

Vorteilhaft bei U/F-Wandlern ist ihr einfacher Aufbau, hohe Auflösung (Genauigkeit bis ca. 0,01%), direkte serielle Datenübertragung bis ca. 16 Bit, veränderbare Umsetzzeiten und Störarmut. Die Integrationszeit ist so wählbar, daß 50-Hz-Netzfrequenzstörungen unwirksam sind. Die Verwendung von U/F-Wandlern ermöglicht – wie bereits in Kapitel 12 aufgezeigt – eine Signalübertragung über lange Leitungen von der Meßstelle zum Anzeige- bzw. Auswertort. Nachteilig ist die verhältnismäßig lange Umsetzzeit (ca. 15...25 ms).

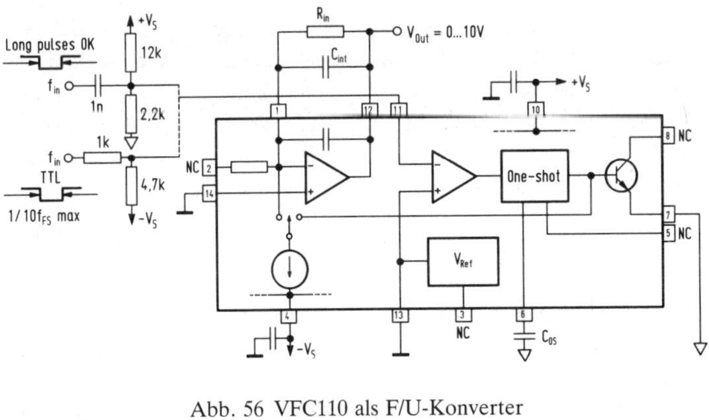

Abb. 56 VFC110 als F/U-Konverter

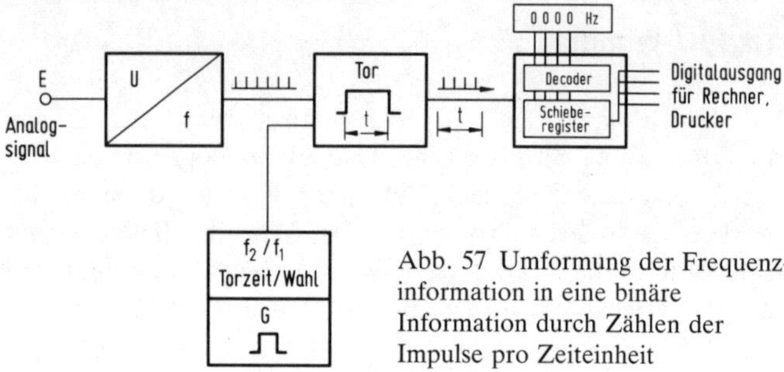

Abb. 57 Umformung der Frequenzinformation in eine binäre Information durch Zählen der Impulse pro Zeiteinheit

Außerdem läßt sich die *Frequenzinformation* von U/F-Wandlern meistens nicht direkt von einem Rechner verarbeiten, da diese in eine *binäre Information* durch Zählen umgeformt werden muß. Das erfolgt durch einen Zählerbaustein, der die Impulse in einer durch die Torzeit bestimmten Zeitspanne auszählt *(Abb. 57)*. Der Zählerstand ist der binäre Ausdruck der analogen Eingangsspannung. Die Torzeit muß der maximalen Ausgangsfrequenz des UF-Wandlers entsprechen und das „Zählfenster" darf nicht größer sein, um ein Überzählen zu vermeiden.

Die Integrations- bzw. Meßzeit wird durch einen hochgenauen Generator erzeugt. Seine Frequenz kann mittels eines Frequenzteilers herabgesetzt werden, damit die Torzeit der erforderlichen Integrationszeit entspricht. Eine lange Integrationszeit ermöglicht die Aufnahme von mehr Impulsen und damit eine Verbesserung der Auslösung. Gleichzeitig wird dadurch die Umsetzgeschwindigkeit (Zahl der Umsetzungen pro Zeiteinheit) herabgesetzt.

Für das Zählen und Umsetzen von binär in BCD gibt es eigene ICs.

11.3 Stufenumsetzer

Bei einem D/A-Wandler muß die digitale Eingangsgröße (Bitmuster) in eine analoge Größe umgewandelt werden. Voraussetzung hierfür ist, daß das in ein Analogsignal umzuwandelnde Digitalsignal „stellenbewertet“ ist, d. h. jeder Binärstelle ein Wert zugeordnet ist. Die Umsetzung codierter (verschlüsselter) Digitalsignale in entsprechende Analogsignale kann nur dann wertgerecht erfolgen, wenn ein festgelegter Code (Vereinbarung) vorliegt und eingehalten wird. Die binärcodierte Information (Digitalwert) muß durch den D/A-Umsetzer wieder decodiert (entschlüsselt) als Analogwert erscheinen.

Bei Stufenumsetzern wird die Meßspannung schrittweise durch eine Vergleichsspannung nachgebildet, wobei die Schaltzustände der einzelnen Stufen den digitalen Meßwert (siehe folgende Tabelle im Binärcode durch eine Gruppe von 4 Bit) darstellen.

Binärcode

Wert	Digitale Eingänge				Analog-Ausgang
	A	B	C	D	
0	0	0	0	0	0
1/16	0	0	0	1	1 LSB
2/16	0	0	1	0	2 LSB
3/16	0	0	1	1	3 LSB
4/16	0	1	0	0	1/4 FS
5/16	0	1	0	1	5 LSB
6/16	0	1	1	0	6 LSB
7/16	0	1	1	1	1/2 FS – 1 LSB
8/16	1	0	0	0	1/2 FS
9/16	1	0	0	1	1/2 FS + 1 LSB
10/16	1	0	1	0	FS – 5 LSB
11/16	1	0	1	1	FS – 6 LSB
12/16	1	1	0	0	3/4 FS
13/16	1	1	0	1	FS – 3 LSB
14/16	1	1	1	0	FS – 2 LSB
15/16	1	1	1	1	FS – 1 LSB

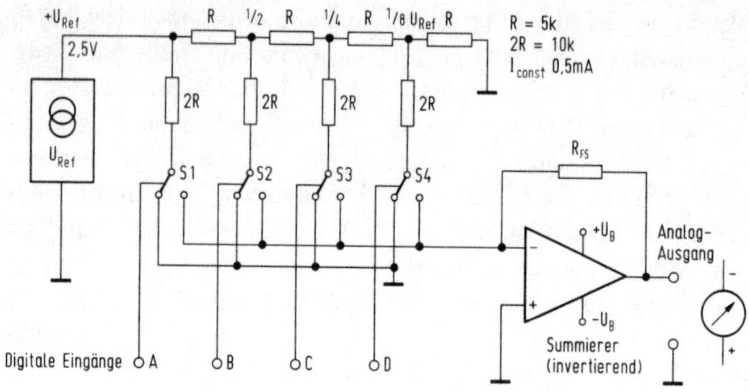

Abb. 58 Prinzipschaltung eines R/2R-Stufenumsetzers (Strom-Mode)

Jeder Bit eines digitalen Eingangssignals wird dabei in einer seiner Wertigkeit entsprechenden Strom umgewandelt *(Abb. 58)*. Die Summe der Einzelströme werden dann durch einen Meßwiderstand oder Summierer in eine entsprechende Analogspannung umgewandelt.

11.3.1 Ein einfacher Wandler mit Widerstandsnetzwerk

Einen kostengünstigen D/A-Wandler für den Nachbau (z. B. für Demonstrationszwecke) zeigt *Abb. 59*. Dieser besteht aus einem mit hochgenauen Widerständen aufgebauten R/2R-Widerstandsnetzwerk mit einem OV als invertierender Summierer beschaltet. Das Ausgangssignal ist bei konstanter Vergleichsspannung von dem Schaltzustand des Widerstandteilers abhängig.

Die Stufenwertigkeit wird durch eine fortlaufende Spannungsteilung realisiert. Das wird durch das R/2R-Leiternetzwerk erreicht. Die Belastung der Referenzspannungsquelle ist dabei

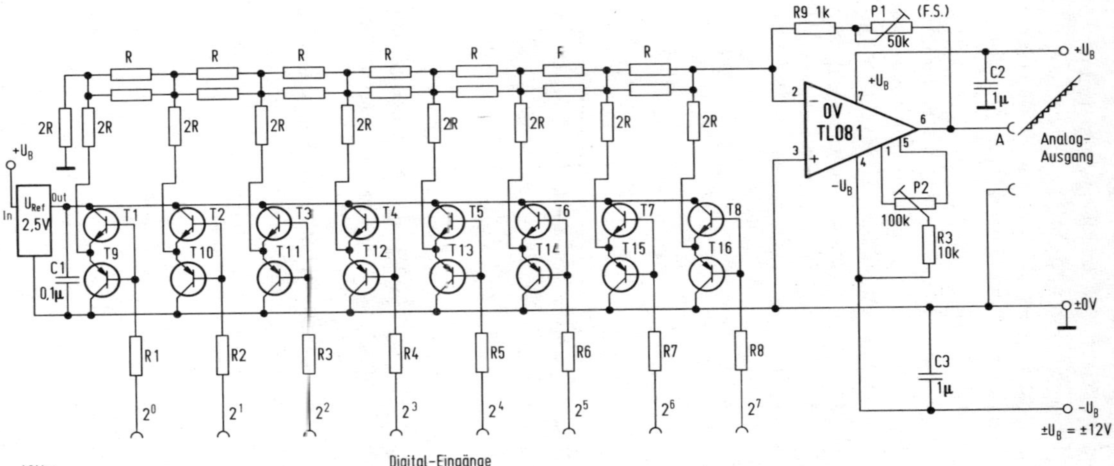

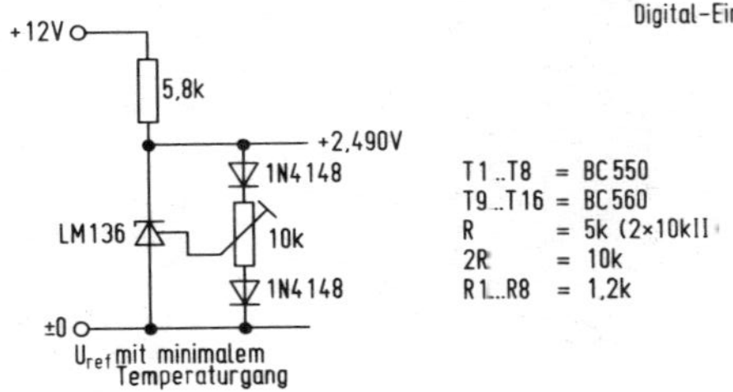

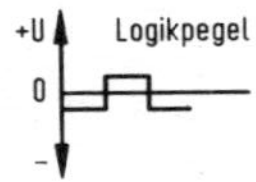

Abb. 59 Einfacher Treppenstufenumsetzer

konstant, da durch jeden Widerstand unabhängig von dem jeweiligen Schaltzustand der gleiche Strom fließt.

Das Ausgangssignal-bestimmende R/2R-Netzwerk wird durch die komplementären Transistorschalter entsprechend der Wertigkeit der anliegenden digitalen Information geschaltet. Die Schaltzustände des Widerstandsnetzwerkes d. h. die Stufung muß der Codierung bzw. Wertigkeit des umzusetzenden Digitalsignals entsprechen. Bei einem Wandler mit 4 Dateneingängen (4-Bit-Wandler) ergeben sich damit $2^4 = 16$ Darstellungsmöglichkeiten bzw. 0...15 dezimal und bei 8-Bit-Wandler bereits schon 256 verschiedene Kombinationen.

Funktion

Liegt an einem Eingang L-Pegel an, so schaltet der jeweilige pnp-Transistor durch, während der npn-Transistor sperrt. Damit liegt die betreffende Widerstandssprosse des Widerstandnetzwerkes auf Masse, wodurch entsprechend der Wertigkeit das am Inverter auftretende Ausgangssignal in positiver Richtung verändert wird bzw. zunimmt.

Ein H-Signal an einem der Dateneingänge bewirkt ein Durchschalten des jeweiligen npn-Transistors und damit ein Anheben der Referenzspannung, wodurch die Ausgangsspannung des OV entsprechend verringert wird.

Der Ausgangsspannungsbereich (Treppenspannungsbereich) kann durch Verändern der Verstärkung (variabler Gegenkopplungswiderstand P1) der nachgeschalteten Elektronik angepaßt werden (0...FS = Full Scale). Die Offsetkompensation erfolgt mit P2. Ohne Anliegen eines Signals an den Eingängen $2^0 \ldots 2^7$ darf kein Ausgangssignal auftreten. Die Widerstände des R/2R-Netzwerkes müssen engtoleriert sein oder eine geringe Relativ-Toleranz haben.

11.4 Wichtige Begriffe

Abtastung, Quantisierung, Codierung

Die A/D-Umsetzung macht drei Schritte erforderlich: Die Abtastung, Quantisierung und Codierung.

Die Abtastung muß dem zeit- und wertkontinuierlichen Analogsignal in periodischen Abständen Abtastwerte entnehmen. Dabei muß die *Abtastfrequenz* (Kehrwert der Abtastperiode) höher sein als das Zweifache der maximal vorkommenden, abzutastenden Frequenz des Analogsignals.

Aufgabe der *Quantisierung* ist es, den Gesamtbereich der möglichen Signalwerte in gleich große Quantisierungsintervalle zu unterteilen; bei 256 Intervallen beispielsweise von 0...255. Abtastwerte, die in einem Quantisierungsintervall liegen, werden dadurch einwandfrei zugeordnet.

Zuordnungsvorschrift

Der *Code* ist eine Vorschrift für die umkehrbar eindeutige Zuordnung der Zeichen eines Zeichenvorrates zu denjenigen eines anderen Zeichenvorrates.

Als *Codierung (Encode)* wird die Umsetzung eines Zeichens (alphanumerisch oder numerisch) in ein *Codewort* bezeichnet. Ein Codewort ist eine vereinbarte Kombination von Codeelementen. Dic Kombination von binären Zeichen (Bits) muß dabei eindeutig einer Ziffer, einem Buchstaben zuordnungsbar sein. Mit achtstelligem Binärcode kann man $2^8 = 256$ verschiedene Kombinationen darstellen. Die Darstellung eines Codeelementes erfolgt durch ein elektrisches Signalelement.

Auflösung und Genauigkeit

Die Stellenzahl ist für die Genauigkeit wichtig. Da der Umsetzer einer unendlichen Zahl von Zwischenwerten eines Analogsignals

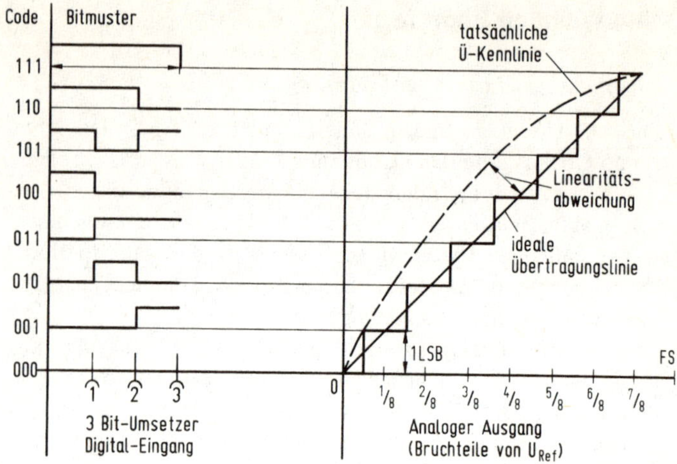

Abb. 60 D/A-Treppenstufenumsetzer (3-Bit-Wandler)

nur begrenzt quanteln kann, entstehen Quantisierungsfehler, die mit zunehmender Auflösung durch Verwendung von mehr Dualstellen verringert werden. Die Anzahl der verschiedenen Wertestufen entspricht der Auflösung eines D/A-Umsetzers (*Abb. 60*).

Dabei ist es wichtig, in welcher *Codeform* die Umsetzung erfolgt. Nur so kann eine Information richtig angezeigt, ausgewertet oder weiterverarbeitet werden. Der Umsetzer liefert die Digitalgröße in einem geeigneten Code zur Fernübertragung oder für die Datenverarbeitung. Zur Anzeige bzw. Auswertung ist hierzu eine Code entsprechende Decodierung erforderlich.

Bei dem häufig angewandten *Binärcode* zur Darstellung im zahlenbereich von $0 \ldots 2^{n-1}$ wird die Auflösung in *Bits* als zweiwertige Code- bzw. Speicherelemente angegeben. Die Übertragungskennlinie eines 3-Bit-Wandlers (Abb. 60) besteht aus $2^3 = 8$

möglichen Codepunkten und bei einem 4-Bit-Wandler aus $2^4 = 16$ Punkten. Bei einem 10-Bit-Wandler beträgt das Auflösungsvermögen bereits schon $2^{10} = 1024$ Punkte. Der Quantisierungsfehler verringert sich dadurch auf 1/2048 = $\approx \pm 0{,}05\,\%$ (Mindestfehler $\pm 0{,}5$ LSB = Hälfte der niederwertigsten Treppenstufe eines Bit).

MSB und LSB

Die kleinstmögliche Stufe oder Abstand zur nächst höheren (Schritthöhe) wird als *LSB* (Least Significant Bit, 2^0) und das höchste Bit als *MSB* (Most Significant Bit, 2^{n-1}) bezeichnet. Bei Umsetzern werden Teilgrößen einer maximalen Referenzgröße (U_{Ref}, $I_{Ref\,max.}$, $R_{max.}$) als Gesamtgröße gewandelt, auf das sich das jeweilige Bitmuster bezieht. Dabei entspricht das MSB einem Wert von 2^{-1} = der Hälfte der Gesamtgröße und das LSB = 2^{-n} eines n-Bit langen Wortes. Das LSB (kleinstmögliche Schrittweite) ist als Bruchteil einer Referenzgröße, z. B. einer Referenzspannung U_{Ref}

$$LSB = 2^{-n} * U_{FS}$$

U_{FS} = Referenzspannung
n = Anzahl der Bit

Bei der Aufaddition der gewichteten Bits entstehen somit Zahlen als Bruchteil des Endwertes. Dieser Endwert wird durch die auflösungsverbessernde Anzahl der Bits nicht beeinträchtigt. Die größtmögliche Ausgangsspannung ist dann vorhanden, wenn alle Dateneingänge (Bits) gesetzt sind (z. B. an allen Dateneingängen H-Potential anliegt).

$$U_{O\,max.} = U_{FS}\left(1 - \frac{1}{2^n}\right)$$

$U_O = U_A$ n. Code

Das bedeutet, daß die maximale Ausgangsspannung immer um 1 LSB kleiner ist als die Referenzspannung.

Wandlungszeit (Arbeitsgeschwindigkeit)

Das ist jene Zeit, die der Wandler benötigt, um eine D/A- bzw. A/D-Wandlung durchzuführen. Bei einem A/D-Umformer ist es die Zeit, um die anliegende Analogspannung in ein entsprechendes Digitalsignal (Bitmuster) umzusetzen. Mit anderen Worten: Je kürzer die Wandlungszeit des A/D-Wandlers und je geringer die Auflösung ist, um so höher darf die Frequenz der Analoggröße sein.

Die *Umsetzgeschwindigkeit* hängt vom gewählten Verfahren ab. Parallelumsetzer, bei denen parallel auftretende Daten (Bitmuster) gleichzeitig umgesetzt werden *(Abb. 61)*, haben eine wesentlich größere Umsetzgeschwindigkeit gegenüber *Serienumsetzern*, bei denen die Daten seriell, d. h. nacheinander vorliegen (z. B. Schieberegister).

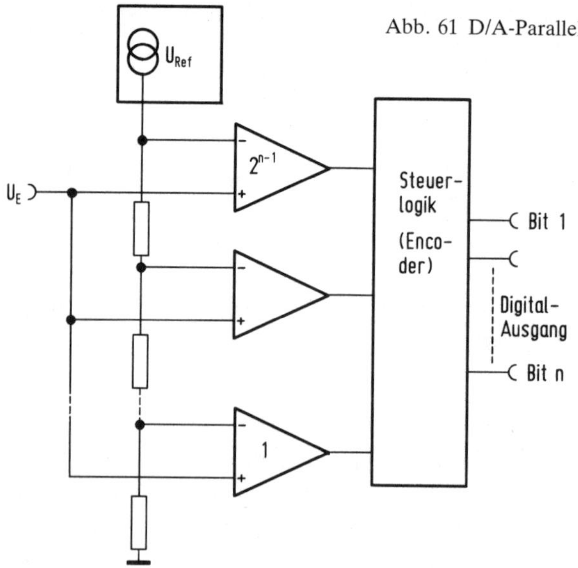

Abb. 61 D/A-Parallelumsetzer

Bei Parallelumsetzern ist für jedes Bit eines Bitumsetzers ein eigener Komperator vorhanden, so daß die Umsetzgeschwindigkeit von der Schaltgeschwindigkeit der Komperatoren bestimmt wird. Bei einem 8-Bit-Parallelumformer sind dies beispielsweise 255 Komperatoren ($K_{Ges} = 2^n - 1$, n = Anzahl der Bits) mit Netzwerkwiderständen und Steuerlogik zur Verarbeitung der Komperatorsignale in ein digitales Signal. Dabei nimmt bei zunehmender Umsetzgeschwindigkeit die Meßgenauigkeit entsprechend ab.

In der Praxis wird vorausgesetzt, daß sich die analoge Größe max. um 0,5 LSB ändern darf. Je schneller sich die Analoggröße periodisch ändert, um so kürzer muß die Wandlungszeit des A/D-Wandlers sein. Die max. Frequenz der analogen Größe ist

$$f_{max.} = \frac{1}{2\,\pi * 2^n * TC}$$

TC = Wandelzeit
n = Anzahl der Bit (Auflösung)

Ob ein Wandler hoch- oder niedrigauflösend, langsam oder schnell sein muß, hängt von den jeweiligen Schnittstellenerfordernissen ab. Die Tendenz bei Umsetzern geht in Richtung genauer, schneller, geringere Stromaufnahme, einfacher durch höhere Integration und mit geringerem externen Beschaltungsaufwand. Die SM-Technik (*S*urface *M*ounted Technic) ermoglicht die Realisierung von Umsetzern mit Minimaßen und Gewicht.

Wandlerkriterien

Neben Quantisierungsfehlern treten noch zusätzliche Fehler auf, wie Nichtlinearitäten z. B. beim Widerstandsnetzwerk oder durch Offsetspannungen bei Komperatoren verursacht. Weitere Fehler sind das Überspringen von Stufen (Missing Codes), unterschiedliche Verzögerungszeiten bei dynamischer Triggerung und Verstärkungsfehler. Auch der Temperaturgang beeinflußt die Genauigkeit.

11.5 Treppenstufenumsetzer als IC

Solche Umsetzer bestehen aus einem integrierten R/2R-Widerstandsnetzwerk, welches durch einen gleichfalls integrierten Binärzähler geschaltet wird. Das Widerstandsnetzwerk ist so dimensioniert, daß entsprechend der Wertigkeit des digitalen Eingangssignals (Bit-Muster) ein treppenförmiges Ausgangssignal erscheint. Der Zählvorgang wird durch einen Taktgenerator aktiviert und erfolgt so lange, bis die Treppenspannung dem digitalen Eingangssignal entspricht. In diesem Moment wird der Zählvorgang schlagartig unterbrochen und der Zählerstand entspricht dem Digitalwert.

Je nach Ausführung ist die Referenzspannungsquelle, der Taktgenerator und ein Analog-Ausgangs-Anpaßverstärker integriert.

11.5.1 Low cost A/D-Wandler

Einen preisgünstigen Umsetzer von Ferranti (Plessey) zeigt *Abb. 62* (Innenschaltung und Anschlußbelegung). Der ZN425E hat eine Auflösung von 8 Bit und ist ein Treppenstufenumsetzer. Zur Steuerung des Umsetzers werden bei dem Applikationsbeispiel von Ferranti (Plessey) nach *Abb. 64* zusätzliche Schaltglieder (7400) verwendet. Die Wandlung wird mit der abfallenden Flanke eines H-L-Impulses eingeleitet, wobei der 8-Bit-Zähler gelöscht und das mit zwei NAND-Gliedern aufgebaute RS-Flip-Flop zurückgesetzt wird. Am Status-Ausgang tritt ein L-Signal während des Zähl- bzw. Wandlungsvorganges auf. Nach Erreichen des der analogen Eingangsspannung entsprechenden Zählstandes wird der Zählvorgang abrupt abgebrochen und durch ein H-Signal am Statusausgang angezeigt, daß die Daten zur Übernahme bzw. weiteren Verarbeitung (z. B. durch einen Rechner) bereit stehen. Die max. Taktfrequenz beträgt 300 kHz bei Ver-

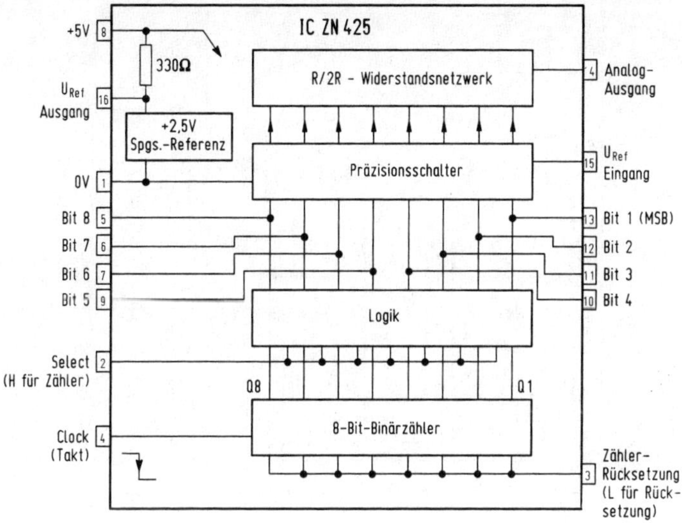

Abb. 62 Innenschaltung des ZN425

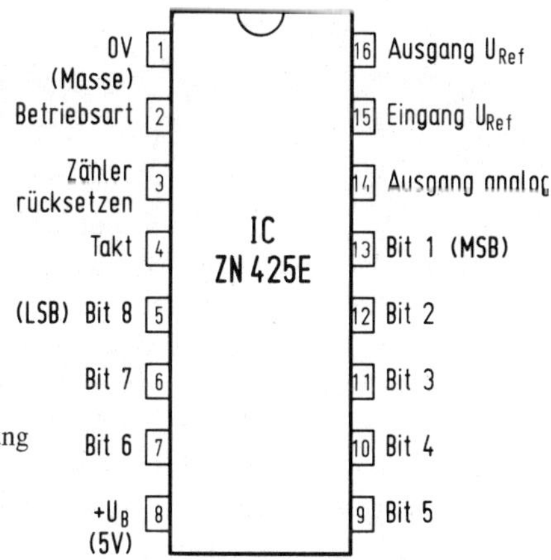

Abb. 63 Anschlußbelegung des ZN425E

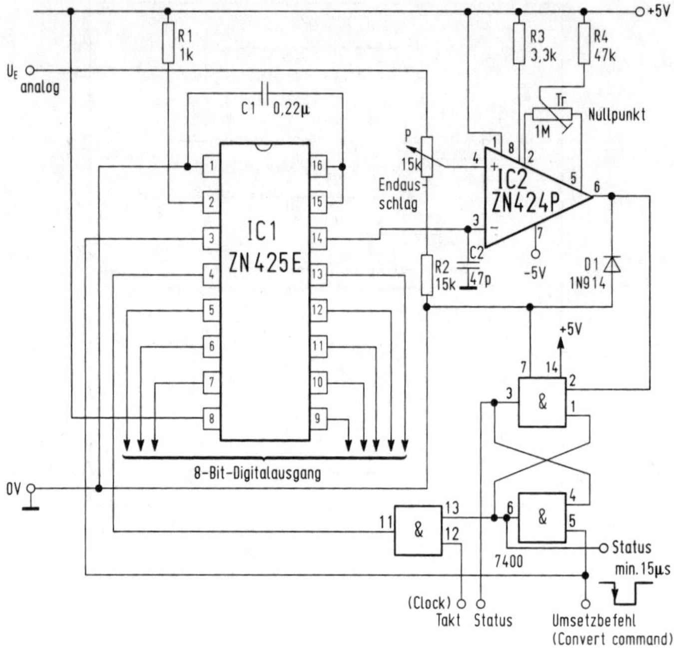

Abb. 64 A/D-Wandler ZN425

wendung eines schnellen Komparators. Bei der Schaltung nach Abb. 64 ist eine Wandlungsfrequenz von ca. 100 kHz erreichbar, max. Wandlungszeit 2,56 ms bei einer Einschwingzeit von 1 ms (Settling-Time), max. Eingangsspannung 2,55 V für maximalen Digitalwert, Quantisierungsfehler mindestens 5 mV (bei 2,55 V und 8 Bit). Durch Verwendung eines Potentiometers (15 kΩ) kann die Eingangsspannung höher sein, wobei der Endwertausschlag mit P einzustellen ist. Das 1 MΩ-Potentiometer dient zur Offsetkompensation.

11.5.2 D/A-Wandler

Der 8-Bit-Umsetzer mit R/2R-Widerstandsnetzwerk ist auch als D/A-Wandler nach *Abb. 65* verwendbar. Die Gewichtung der Stufen erfolgt dabei durch fortlaufende Spannungsteilung *(Abb. 66)*. Der Spannungsteiler ist so dimensioniert, daß unabhängig von den Schalterstellungen des Leiternetzwerkes die Belastung der Referenzspannungsquelle konstant ist. Da der Analogausgang des Wandlers Pin 14 mit 10 kΩ nicht besonders extern belastbar ist, dient zur Entkopplung der Last vom Wandler ein Operationsverstärker OV. Dieser ermöglicht gleichzeitig eine Verstärkung des Analogsignals. Die Verstärkung ist mit P einstellbar, so daß die maximale Ausgangsspannung in einem weiten Bereich bei wesentlich geringerem Ausgangswiderstand angepaßt werden kann. Dabei ist zu beachten, daß die Versorgungsspannung des OV so groß ist, daß eine lineare Verstärkung des Wandlerausgangssignals erreicht wird. Der Kondensator C2 glättet die Schaltspitzen.

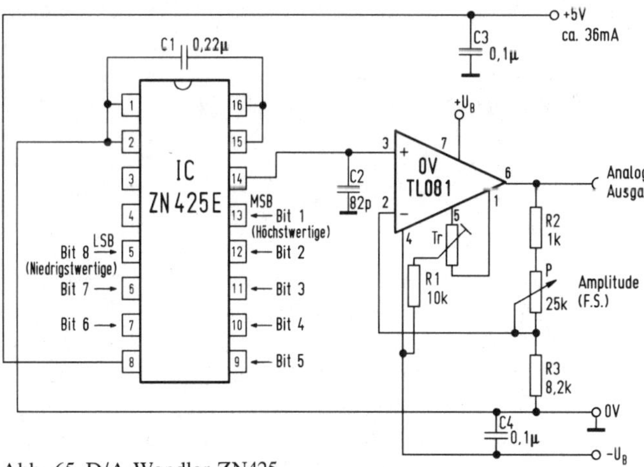

Abb. 65 D/A-Wandler ZN425

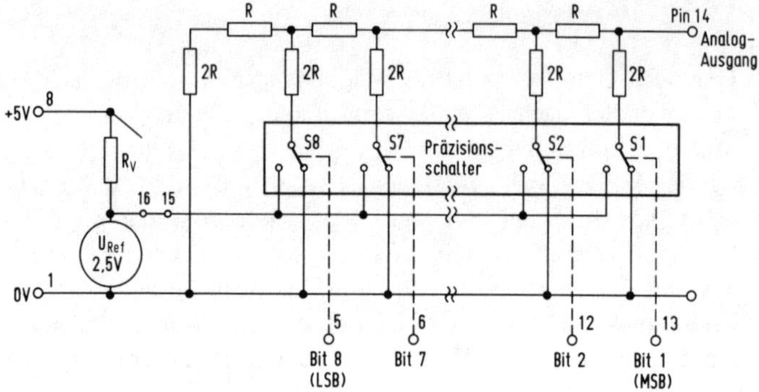

Abb. 66 bewertete (gewichtete) Spannungsteilung (Wandler-Leiternetzwerk)

Abgleich

Mit dem Potentiometer TR wird die Offsetkompensation durchgeführt. Dabei sind alle Dateneingänge mit Masse zu verbinden, wobei 0 V am Analogausgang vorhanden sein muß. Zum Abgleich der max. Ausgangsspannung (FS) werden alle Eingänge mit +5 V verbunden.

Kalibrierung

Die Kalibrierung der Ausgangsspannung wird nach erfolgtem Offsetabgleich durchgeführt. Das Potentiometer P (Abb. 65) ist dabei so einzustellen, daß die gewünschte max. Ausgangsspannung (Full Scale Reading – 1 LSB) bei sämtlichen Bit-Eingängen auf H (+5 V) gelegt, auftritt.

Soll beispielsweise das LSB (Least Significant Bit = niedrigstwertiges Bit) 20 mV betragen, so ist

FSR $= +5{,}12\ V - 0{,}02 = 5{,}1\ V$ mit P zu kalibrieren

LSB $= U_{Ref} * 2^{-n}$

$$1\ LSB = \frac{5{,}12}{2^8} = \frac{5{,}12}{256} = 0{,}02\ V$$

Weitere Dimensionierungsbeispiele zeigt die Tabelle

Ausg.-Spannungsbereich, + FS	LSB	FS – 1 LSB
+2,56 V	10 mV	2,55 V
+5 V	19,5 mV	4,9805 V
+10 V	39,1 mV	9,9609 V

1 LSB = FS/256

Der nachgeschaltete Gleichspannungsverstärker (OV) muß im Linearbetrieb diese analogen Ausgangsspannungen liefern. Die Speisespannung für den OV richtet sich daher nach dem erforderlichen Aussteuerbereich.

Die Codierung des 8-Bit-Wandlers zeigt folgende Tabelle:

Eingangs-Code (binär)	Analog-Ausgang (nomineller Wert)
1 1 1 1 1 1 1 1	FS – 1 LSB
1 1 1 1 1 1 1 0	FS – 2 LSB
1 1 0 0 0 0 0 0	3/4 FS
1 0 0 0 0 0 0 1	1/2 FS + 1 LSB
1 0 0 0 0 0 0 0	1/2 FS
0 1 1 1 1 1 1 1	1/2 FS – 1 LSB
0 1 0 0 0 0 0 0	1/4 FS
0 0 0 0 0 0 0 1	1 LSB
0 0 0 0 0 0 0 0	0

Beispiel:

Bit1 (MSB)	Bit2	Bit3	Bit4	Bit5	Bit6	Bit7	Bit8 (LSB)	Analog-Ausgang bei FS = 10 V
1	1	1	1	1	1	1	1	9,9609 V
1	1	1	1	1	1	1	0	0,9218 V
1	1	0	0	0	0	0	0	7,5 V
1	0	0	0	0	0	0	1	5,0391 V
1	0	0	0	0	0	0	0	5 V
0	1	1	1	1	1	1	1	4,9609 V
0	1	0	0	0	0	0	0	2,5 V
0	0	0	0	0	0	0	1	0,0391 V
0	0	0	0	0	0	0	0	0
Bitmuster								
1	1	1	0	0	0	0	0	8,75 V

1 = H (offen = H)   0 = L

U_B OV ±15 V/ca. 2 mA   ZN425E +5 V/ca. 36 mA (max.)

Invertierung des Codes

Bei einer Invertierung des Codes erhält man Komplementärwerte, wie z. B.:

binär	kompl. binär	kompl. Analogausgang bei FS = 10 V
0 0 0 0 0 0 0 0	1 1 1 1 1 1 1 1	9,9609 V
0 1 1 1 1 1 1 1	1 0 0 0 0 0 0 0	5 V
1 1 1 1 1 1 1 0	0 0 0 0 0 0 0 1	0,0391 V
1 1 1 1 1 1 1 1	0 0 0 0 0 0 0 0	0 V

Hinweis:

Da der Ausgangswiderstand 10 kΩ beträgt, darf der Ausgang nur äußerst gering, mit wenigen µA belastet werden, wobei U_{Ref} bei

RL ≈ 650 kΩ 2,52 V beträgt. Eine höhere Last beeinträchtigt die lineare Kennlinie des Wandlers.

Zur leichteren Einstellung der Verstärkung (FS) ist die Verwendung von Metall oder Draht-Spindelpotentiometern auch im Hinblick auf den Temperaturgang empfehlenswert.

12 Fernmeßübertragung

Grundsätzliches:

Aufgabe der Fernmeßtechnik ist die unverfälschte Übertragung von Meßinformationen bzw. Meßsignalen zwischen zueinander räumlich entfernten Orten der Meßwertaufnahme und der Informationsanzeige bzw. Auswertung. Eng damit verbunden ist die Fernwirktechnik (Fernsteuern, Fernüberwachen). Bei beiden Disziplinen spielen die am Meßort – teilweise an unzugänglichen Meßstellen – positionierten Meßwertaufnehmer (Sensoren), die eine physikalische Größe in ein elektrisches Signal umformen (Meßumformer), eine wichtige Rolle. Gemeinsam verwenden sie die möglichen Verfahren (analog – digital) wie auch die Übertragungsmittel (z. B. Lichtwellenleiter, Zweidraht, nicht drahtgebunden). Bedeutungsgleich ist auch die Telekommuniktaion.

12.1 Sensorik

Sensoren sind als Fühler der Elektronik die wichtigsten Schnittstellen zu physikalischen und nichtelektrischen Größen der Umwelt. Die zunehmende Bedeutung von elektronischen Steuerungen in fast allen Bereichen der Automation, der industriellen Produktion bis zur Haushaltsgerätetechnik wie auch der Konsumelektronik führt zu einem starken Interesse und neuen Anforderungen an Sensoren. So werden immer weitere Anwendungsgebiete durch neue Sensoren erschlossen, beispielsweise auch als biologisch- oder chemisch aktive Sensoren zur Überwachung von Lebensmitteln oder Steuerung von biologischen Vorgängen.

Grundsätzlich sind elektrische Sensoren als Fühlerelemente die Antenne eines Meßwertaufnehmers, der in der Lage ist, eine physikalische, chemische, biologische oder mechanische Größe in eine elektrische Größe umzuwandeln. In der folgenden Tabelle sind wichtige Wandlerprinzipien zur Sensorierung physikalischer Größen zusammengestellt:

Wichtige Wandlerprinzipien

Physikalische Größen	Sensoren bzw. Sensorprinzip
Weg, Lage, Stellung	Potentiometer, induktiver Wegaufnehmer, optoelektronisch, Magnetdioden, Feldplatten, Hallgeneratoren, Reed-Sensoren, kapazitive Geber
Druck	Piezoresistive Druckaufnehmer
Kraft	Dehnungsmeßstreifen, Quarz-Sensoren, piezo elektrische Dehnungsaufnehmer, Hallgeneratoren, Feldplatten, induktiv
Drehzahl	Lichtschranke, Magnetdioden, Feld platten, Hallelemente, Feldplatten, Reed-Sensoren
Geschwindigkeit	Hallgeneratoren, optoelektronisch (Lichtschrankenabtastung), induktiv
Beschleunigung	Hallgenerator, Magnetdioden, induktiv, optoelektronisch
Licht sichtbar und unsichtbar	optoelektronisch (Fotowiderstand, Fotodiode, Fototransistor, Fotomultiplier, IR-Detektoren, Fotoelemente
Bildaufnahme	CCD-Sensoren (Halbleiter-Bildaufnehmer)

Temperatur	Silizium-Sensoren, temperaturabhängige Widerstände (Heiß- und Kaltleiter), Dünnschicht-Meßwiderstände, Schwingquarze, Thermoelemente
Feuchte	Kapazitive Feuchtesensoren
Konzentration chemischer Stoffe	Gassensoren auf Halbleiterbasis
Radioaktivität	Ionisationsröhre bzw. Kammer, Zählröhre
Biologisch	z. B. eiweißhaltige Biosensoren zur Prozeß-Steuerung von Fermentationen und Lebensmittelüberwachung
Elektrische Größen	
Strom	Hallgeneratoren, Stromwandler (Trafo-Prinzip), Permalloy-Stromsensoren (magnetoresistiv)
Magnetfeld	Hallgeneratoren, Feldplatten

Das Aufnehmen und Messen von solchen Größen ist die Grundlage für die elektrische Meß-, Steuer- und Regeltechnik. Dabei sind von Wichtigkeit: Linearität, Empfindlichkeit, Ansprechzeit, Arbeitsfrequenz, Langzeitstabilität, Immunität gegenüber Störeinflüssen (Temperatur, Magnetfelder etc.). Die Prozeßleittechnik ist auf laufende Überwachung der jeweiligen Prozeßgrößen, Temperatur, Druck usw. angewiesen. Viele Meßwerte müssen erfaßt – häufig gleichzeitig – ausgewertet und durch automatische Auslösung von Aktuatoren „beantwortet“ werden. Es gibt heute fast für jede Meß-, Steuer- oder Regelaufgabe dazu passende Sensoren und Aktoren. Erst mit erfaßten physikalischen Parametern läuft die Automation ab, kann der Rechner arbeiten.

12.2 Meßwertübertragung durch Lichtwellenleiter

Für die Fernmeßtechnik bietet die LWL-Signalübertragung mit ihren Hauptvorzügen der galvanischen Trennung und hohen Störsicherheit gegenüber der drahtgebundenen Übertragung für bestimmte Anwendungen erhebliche Vorteile. Damit können kostengünstige Analog- oder Digital-Übertragungssysteme mit hohen Bitraten zur Überbrückung von kleinen und größeren Entfernungen zwischen Meßwertaufnehmer und dem Anzeige- bzw. Verarbeitungsort überbrückt werden.

Die Signalübertragung von den Sensorbausteinen zu einer entfernt angeordneten Meßstelle bzw. einem Auswertort kann daher auch durch ein hierzu geeignetes LWL-System – bestehend aus E/O-Sender, Lichtwellenleiter und O/E-Empfangsteil (s. Kapitel 3) – erfolgen.

12.3 Beleuchtungsstärke – Fernmessung

Bei der Fernmessung der Beleuchtungsstärke wird der Lichtsensor in unmittelbarer Nähe des Aufnahmeortes installiert, während die Meßsignalanzeige bzw. Auswertung weit davon entfernt angeordnet sein kann. Als Lichtsensoren werden lichtempfindliche Halbleiter, wie Fotodioden, Fotoelemente, Fototransistoren und insbesondere Fotowiderstände beim Schalten durch Licht verwendet.

Bei der Licht-Sensorschaltung nach *Abb. 67* wird eine Fotodiode als Lichtfühler bzw. Meß-Aufnehmer verwendet. Die Fotodiode wirkt dabei als Fotoelement, dessen Spannung von der Beleuchtungsstärke abhängig ist. Zur Erzielung eines linearen Zusammenhangs zwischen Beleuchtungsstärke und Elementspannung wird diese im Kurzschlußbetrieb verwendet. Die lichtintensitätsproportionale geringe Fotospannung wird durch den Operationsverstärker IC1 mit symmetrischer Stromerzeugung durch

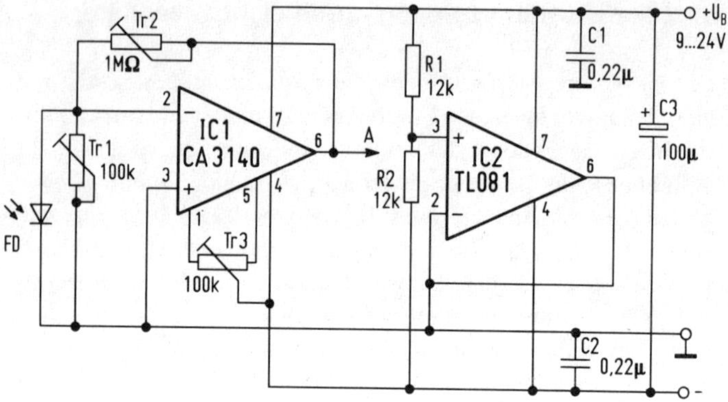

Abb. 67 Licht-Sensorschaltung

IC2 hochverstärkt und einem A/D-Wandler zugeführt. Die beleuchtungsabhängige Ausgangsfrequenz des A/D-Umformers wird zur Fernübertragung einem LWL-System zugeleitet und am Empfangsort in ein entsprechendes Ausgangssignal durch einen D/A-Konverter zurückgeführt.

Abgleich

Die Linearität der Fotospannung ist von der verwendeten Fotodiode oder Element abhängig und wird mit dem variablen Belastungswiderstand TR1 abgeglichen. Die geringstmögliche Fotospannung muß dabei noch ausreichend groß sein, um ein rauschfreies Nutzsignal zu gewährleisten. Mit TR2 wird die notwendige Verstärkung festgelegt und mit TR3 der Nullpunkt bei abgedunkeltem Fotosensor (0 V am Ausgang). Mit Hilfe eines Luxmeters wird die Schaltung geeicht, wobei am Ausgang des Verstärkers Pin6 bei max. Beleuchtungsstärke von 1000 Lux ein Nutzsignal von 1 V auftritt. Geeignete Fotodioden z. B. BP104, BPX91B.

12.4 Temperaturmeßvorsatz

Mit Temperaturfühlern werden Temperaturen erfaßt und gemessen. Prinzipiell zählen hierzu temperaturabhängige Widerstände, die ihren Widerstandswert in Abhängigkeit von der Temperatur verändern. Heißleiter verringern mit Zunahme der Temperatur ihren Widerstandswert (negativer Temperatur-Beiwert), während bei Kaltleitern eine Widerstandszunahme eintritt (positiver Temperatur-Beiwert). Als Temperaturfühler mit weitgehend linearem Verhalten werden bevorzugt *Silizium-Temperatursensoren* verwendet, dessen Widerstand sich fast temperaturproportional verändert. Die leichte Kennlinienkrümmung kann dabei durch einen Zusatzwiderstand kompensiert werden.

Die *Abb. 68* zeigt einen Temperatur-Meßvorsatz, der auch als Temperatursensor zum temperaturabhängigen Schalten und Steuern geeignet ist. Der verwendete Silizium-Temperatursensor hat einen positiven Temperaturbeiwert. Der Widerstandswert nimmt temperaturproportional zu. Zur Linearisierung der leicht gekrümmten Kennlinie dient R1. In der Brückenkonfiguration

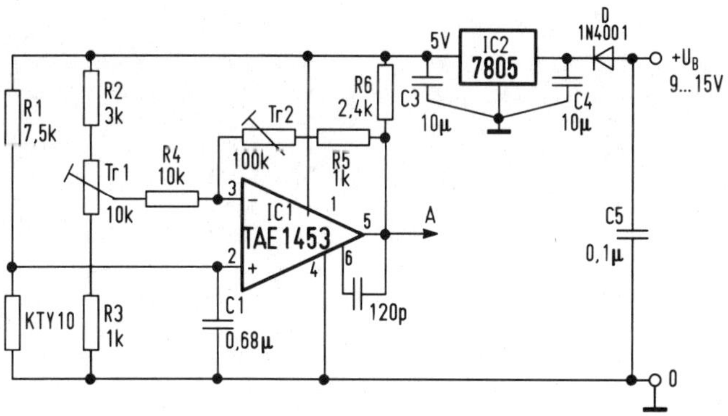

Abb. 68 Temperatur-Meßvorsatz

wird das temperaturabhängige Meßsignal durch einen Operationsverstärker verstärkt und steht am Ausgang Pin 5 zur Weiterverarbeitung zur Verfügung. Der niederohmige Ausgang ermöglicht eine Positionierung des Meßvorsatzes an einem von der Auswert- oder Schaltelektronik getrennten Ort.

Für die Anpassung an unterschiedliche Meßbereiche ist der Verstärker als Subtrahierer beschaltet, wobei mit TR1 und TR2 die Ausgangslage und Verstärkung festgelegt wird (z. B. Ausgangsspannung = 0 V für 40 °C). Die Meß-Ausgangsspannung beträgt 0...1 V (Umsetzfaktor 10 mV/ °C).

12.5 Sensor mit Meßverstärker und A/D-Umformer

Bei der Sensorschaltung nach *Abb. 69* liefert der Meßverstärker mit IC CA3140 eine temperaturproportionale Ausgangsspannung von 0...1 V, welche durch den A/D-Wandler in ein frequenzproportionales, rechteckförmiges Ausgangssignal von 0...1 kHz zur Weiterverarbeitung umgeformt wird. Damit die Basisschaltung

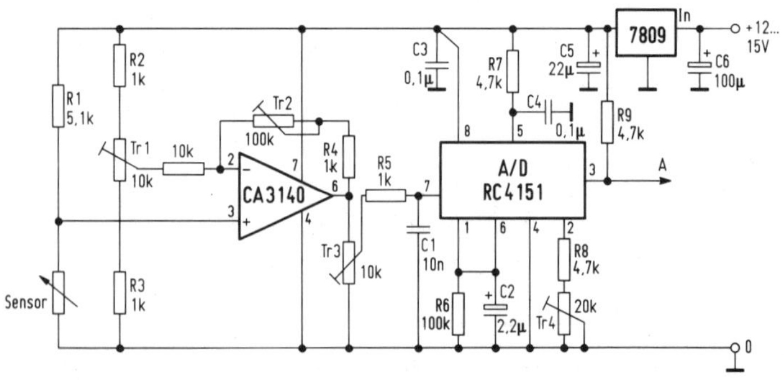

Abb. 69 Temperatur-Sensor mit Meßverstärker und A/D-Wandler zur Fernübertragung

auch für unterschiedliche, widerstandsabhängige Sensoren verwendbar ist, kann der Brückenabgleich, die Verstärkung und Ausgangsspannung durch Widerstandstrimmer angepaßt werden. Der Wert von R_1 ist als Linearisierungswiderstand von der Temperatur-Sensorausführung abhängig. Mit TR4 erfolgt der U/F-Abgleich.

12.6 Druck – Kraftmessung

Wirkt eine Kraft auf einen Körper ein, so wird dieser verformt. Zur Messung dieser Verformung, insbesondere der Dehnung oder Stauchung werden sogenannte DMS = Dehnungsmeßstreifen verwendet. Bei Dehnungsmeßstreifen ändert sich der elektrische Widerstand proportional dem Ausmaß der Dehnung. Die Empfindlichkeit eines Dehnungsmeßstreifens wird mit K-Wert angegeben. Es ist

$$K = \frac{\text{relative Widerstandsänderung}}{\text{relative Längenänderung}}$$

Bei diesem Meßverfahren werden Dehnungsmeßstreifen mit hoher Empfindlichkeit (g/nm bzw. g/mm) auf einen Körper (z. B. Federblech) geklebt, auf den die Kraft einwirkt. Dazu werden zwei Dehnungsmeßstreifen nach *Abb. 70* verwendet, die sowohl der Dehnung wie auch Stauchung durch Einwirkung der Kraft ausgesetzt sind. Die zueinander umgekehrten Widerstandsveränderungen bei den Meßstreifen bewirken eine doppelt so große Spannungsänderung bei der Brückenschaltung nach Abb. 70. Außerdem heben sich dabei die durch Einwirkung der Kraft entstehenden Temperatur-Widerstandsveränderungen auf. Die Auswertung der Widerstandsveränderung erfolgt über eine Meßbrückenschaltung. Der Nullagen-Brückenabgleich erfolgt mit TR1 und die erforderliche Brückensignalverstärkung mit TR2. Die Verstärker-Offsetkompensation wird mit TR3 durchgeführt.

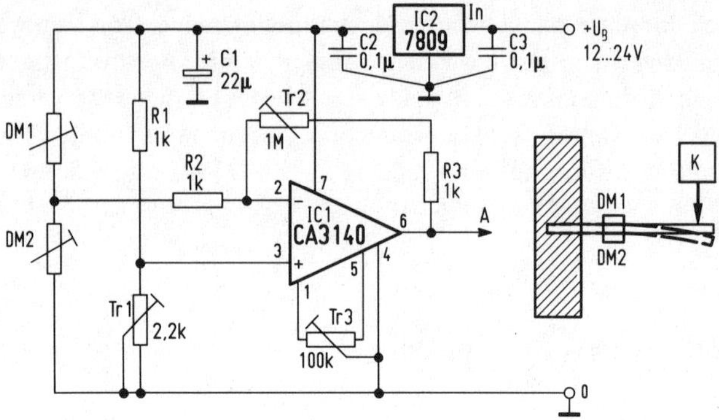

Abb. 70 Druck-Kraftmessung mit Dehnungsmeßstreifen

Sämtliche verwendeten Widerstände sind wegen des Temperaturganges bei hoher Verstärkung Metallschichtwiderstände und die Trimmpotentiometer sind wegen der hohen Stabilität und guter Auflösung Cermet-Trimmpot.-Ausführungen. Die dehnungsabhängige Ausgangsspannung wird einem A/D-Wandler zugeführt und über ein LWL-System empfangsseitig durch einen D/A-Umsetzer zur Auswertung in ein spannungsgleiches Ausgangssignal umgesetzt.

12.7 Positionsmelder

Bei einem kapazitiven Meßwertaufnehmer beeinflußt die zu messende Größe (Weg, Winkel, Drehmoment) den Kapazitätswert. Zur Feststellung der Position wird dabei der kapazitive Meßwertaufnehmer mechanisch mit dem zu detektierenden Teil gekoppelt. Jede Positionsveränderung dieses Teils bewirkt eine Kapazi-

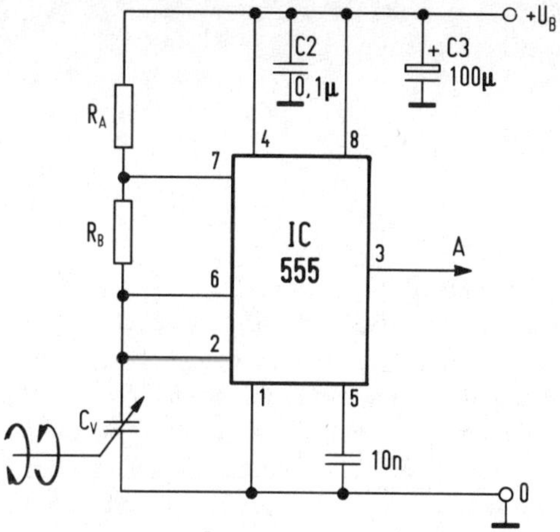

Abb. 71 Positionsmelder (kapazitiver Meßwertaufnehmer)

tätsveränderung – eine Zu- oder Abnahme – gegenüber einer festgelegten Ausgangs-Nullage.

Bei der Schaltung nach *Abb. 71* beeinflußt ein kapazitiver Sensor z. B. Drehkondensator, Tauchtrimmer) die Ausgangsfrequenz eines astabilen Multivibrators mit dem Timer-IC 555. Das Ausgangssignal wird über einen LWL-Übertragungsweg einem D/A-Wandler zugeführt, welcher eine kapazitätsproportionale Spannung liefert, die der momentanen Position des Teiles entspricht.

Praktische Hinweise

Für Demonstrationsversuche eignen sich besonders Mehrfach-Luftdrehkondensatoren, bei denen zwecks Erreichung einer möglichst großen Sensorkapazität die Rotor- und Statorpakete parallel geschaltet werden. Die minimale Sensorkapazität sollte den

Wert von ca. 1 n nicht unterschreiten. Die Ausgangssignalfrequenz errechnet sich aus

$$f = \frac{1}{T} = \frac{1{,}4}{(R_A + 2\,R_B) \cdot C_V}$$

12.8 Frequenz-Fernmessung

Für Anwendungen, bei denen die Meßstelle zur Frequenzmessung örtlich getrennt ist gegenüber dem Anzeige- bzw. Auswertort, eignet sich die Grund-Schaltung nach *Abb. 72*.

Die aufgenommenen Schwingungen des Meßsignals werden über einen Optosender in den Lichtwellenleiter eingespeist, am Empfangsort durch den OE-Empfänger in ein elektrisches Signal zurückgewonnen und hochverstärkt. Das so verstärkte digitale Signal wird einem Komparator mit IC LM311 zur Impulsaufbereitung zugeführt. Das rechteckförmige Ausgangssignal des Komparators (Abb. 72) wird durch die Differenzierglieder C1, R6 in

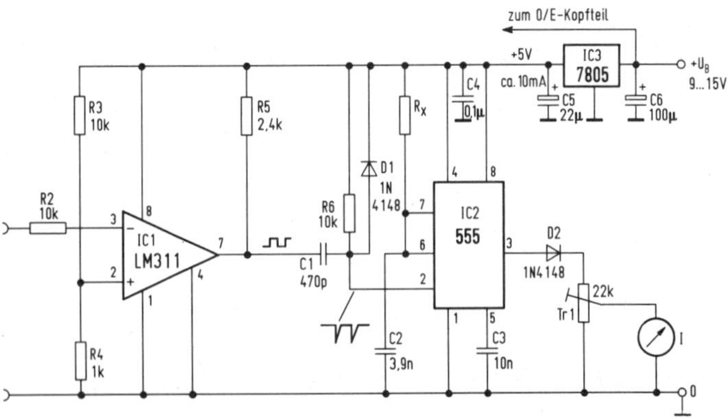

Abb. 72 F/U-Wandler zur Frequenz-Fernmessung

steilflankige Impulse umgesetzt, wobei die Diode D1 die positiven Flanken der Impulse eliminiert. Die negativen Flanken der Spannungsimpulse triggern ein Monoflop, realisiert mit Timer-IC 555. Das Monoflop arbeitet als Impulsformer, wobei jeder Triggerimpuls ein amplituden- und breitengleiches Ausgangssignal hervorruft. Die Zeitdauer der metastabilen (vorübergehenden) Phase wird durch R_X und C2 bestimmt ($t_{met} = 0{,}7 \cdot R \cdot C$). Diese metastabile Phase des Monoflops ist eine konstante Größe. Dabei müssen die Zeitglieder so bemessen sein, daß diese kleiner sind als der Abstand der aufeinanderfolgenden Impulse. Gleichfalls muß die Zeitdauer eines Triggerimpulses kleiner sein als die metastabile Zeit.

Bemessungs-Richtwerte:

f = 0...100 Hz	R_X = ≈175 Hz
0...1 kHz	17,5 kHz
0...10 kHz	1,75 kHz
bei C = 3,9 n	

Die am Ausgang des Monoflops auftretenden gleich großen und nur von der zeitlichen Aufeinanderfolge abhängigen rechteckförmigen Impulse werden durch die Diode D2 gleichgerichtet, und die dabei entstehende rechteckförmige Signalspannung wird durch Mittelwertbildung durch ein Instrument (z. B. 50...500 μA Drehspulmeßwerk) angezeigt. Dabei nimmt der Meßstrom proportional mit der Frequenz zu, und es besteht ein linearer Zusammenhang zwischen Meßstrom und Signalfrequenz.

12.9 Magnetfeldmessung

Hallsensoren sind Halbleiterbauelemente, deren elektrisches Verhalten durch äußere Magnetfelder beeinflußt wird. Der Baustein SAS231 (Siemens) liefert ein Ausgangssignal, welches pro-

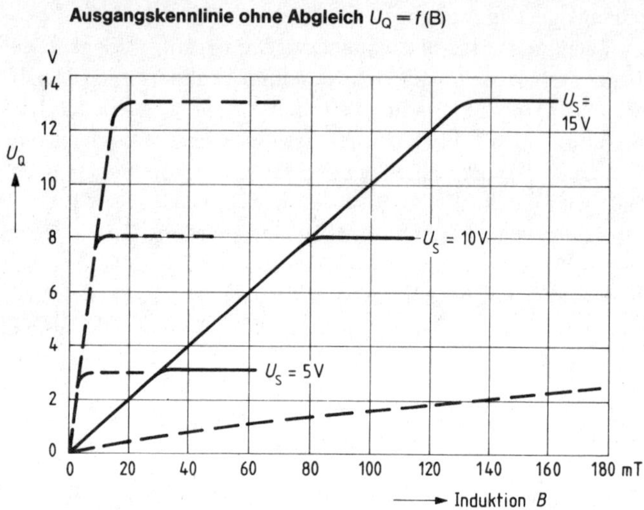

Abb. 73 Ausgangskennlinie

Anschlußanordnung
(Ansicht von oben)
SAS 231 W

Abb. 74 Anschlußanordnung

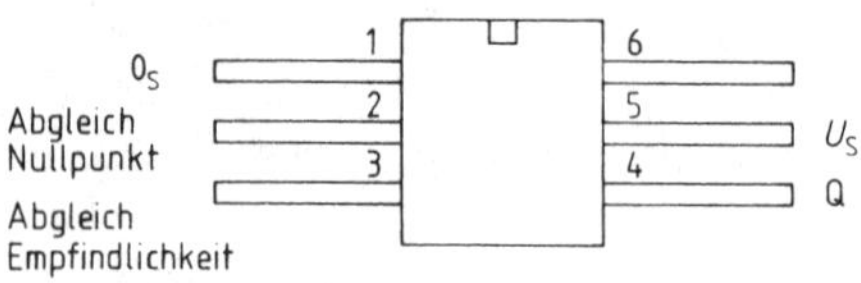

portional zur magnetischen Induktion bzw. Flußdichte B ist. Die Ausgangsspannung nimmt zu, wenn der Südpol eines Magnetes der Chipoberseite genähert wird. Die Ausgangskennlinie ohne Abgleich zeigt *Abb. 73*. Die Steilheit der Kennlinie $U_Q = f_{(B)}$ ist durch äußere Beschaltung festlegbar, und die maximal meßbare Flußdichte ist nach Abb. 73 von der Speisespannung U_Q abhän-

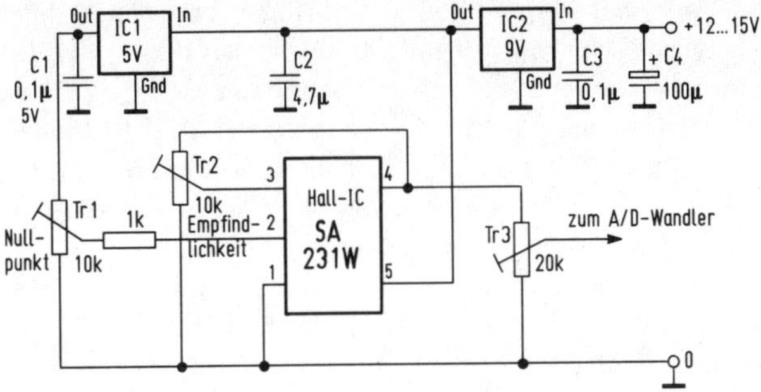

Abb. 75 Anwenderschaltung

gig. Ausgangsstrom max. 5 mA. Die Anschlußanordnung zeigt *Abb. 74*.

Eine Anwendermeßschaltung zeigt *Abb. 75*. Bei dieser Schaltung erfolgt der Empfindlichkeitsabgleich mit TR2 und der Nullabgleich mit TR1. Die Sensorschaltung wurde zur Messung der magnetischen Induktion bis 90 mT ausgelegt. Die vom Magnetsensor gelieferte Ausgangsspannung wird einem A/D-Wandler zugeführt und als frequenzproportionales Rechtecksignal über ein LWL-System an den Anzeige- bzw. Verarbeitungsort weitergeleitet. Da der A/D-Wandler für ein max. Eingangssignal von 1 V für U_A = 10 kHz dimensioniert wurde, muß die verhältnismäßig hohe Hall-IC-Ausgangsspannung mit TR3 heruntergeteilt werden.

12.10 Zweidraht-Meßwert-Fernübertragung

In der Industrie-Elektronik findet häufig die Fernübertragung von physikalischen Größen wie Druck, Temperatur durch Zweileiter-Betrieb Verwendung.

Als *Transmitter* werden Meßwertaufnehmer bezeichnet, deren Ausgangssignal ein eingeprägter Strom ist. Bei dieser Übertragungstechnik werden zwei Verbindungsdrähte gleichzeitig für die Meßwertübertragung und Stromversorgung verwendet, wodurch man sich weitere Leitungen und Platz spart. Da die Zweidrahtleitung sende- und empfangsseitig niederohmig abgeschlossen ist, ist diese gegenüber Störeinflüssen weitgehend immun, und das Signal wird weitgehend unbeeinflußt durch Leitungswiderstand und Länge. Üblich sind Zweidraht-Ströme von 4...20 mA. Der untere Wert ist der Ruhestrom, der sich aus Brücken-Stromversorgung und Brückenverstärker zusammensetzt.

12.10.1 Übertragung von Druckmeßwerten

Eine industrielle Low cost-Anwendung zur Fernübertragung von Druck-Meßwerten zeigt *Abb. 76*.

Als Drucksensor wird ein Piezo-Drucksensor in Brückenausführung (LX06 xxx von Sensortechnics, *Abb. 77*) verwendet. dessen Type sich nach den am Meßort auftretenden Drücken richtet. Entsprechend müssen die verstärkungsbestimmenden Widerstände den verwendeten Sensoren angepaßt werden. Ein Beispiel hierfür zeigt folgende Tabelle:

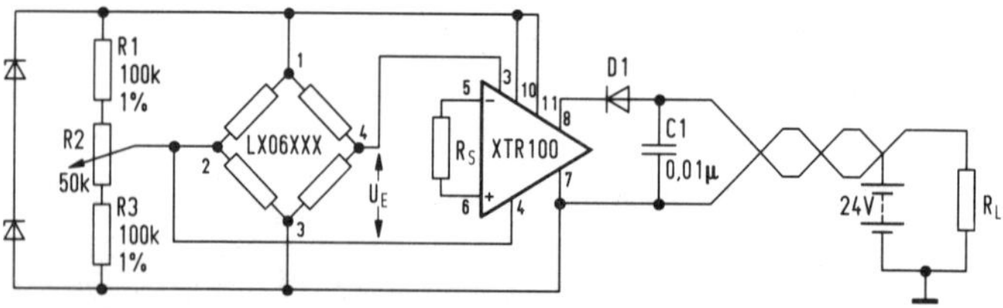

Abb. 76 Fernübertragung von Druck-Meßwerten (Sensortechnics)

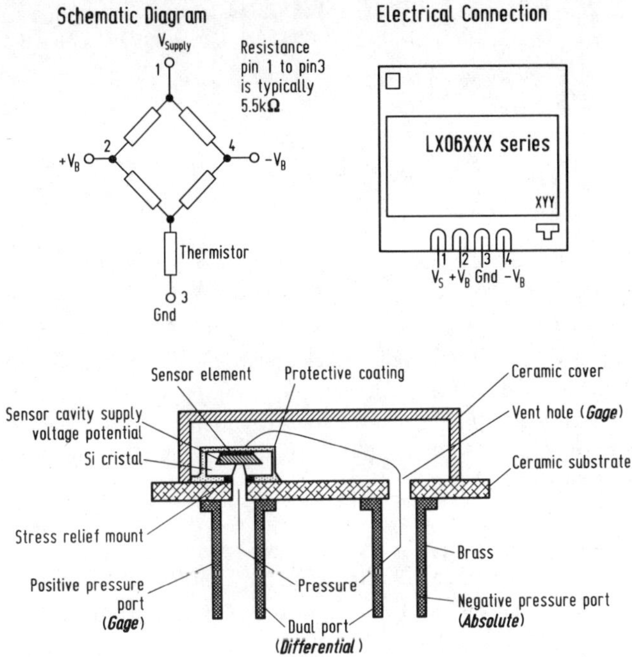

Abb. 77 a) Prinzipieller Aufbau eines Drucksensors der Typenreihe Lx06xxx von Sensortechnics

Sensor-Typ	Druckbereich	R_S	R_S (trimmbar) = R_{fest}	+ R_{Pot}
LX06001	0…1	42 Ω	50 Ω	50 Ω
LX06002	0…2	104 Ω	75 Ω	50 Ω
LX06005	0…5	131 Ω	82 Ω	100 Ω
LX06015	0…15	278 Ω	232 Ω	100 Ω
LX06030	0…30	214 Ω	150 Ω	100 Ω
LX06100	0…100 psi	407 Ω	301 Ω	200 Ω

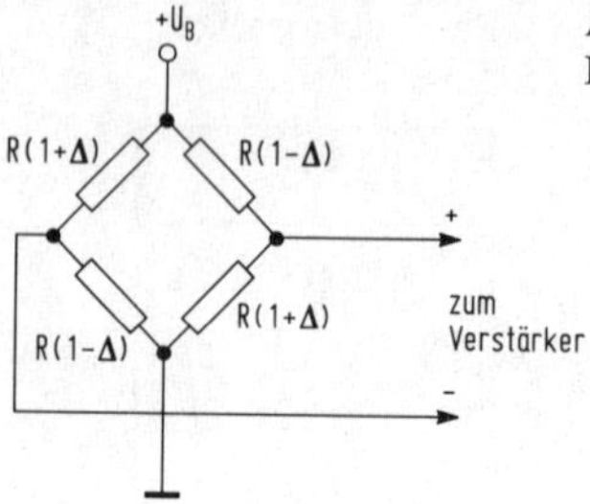

Abb. 78 Widerstandsveränderung der Brückenglieder unter Druckeinwirkung

In Abhängigkeit von der Druckeinwirkung verändern sich die Widerstands-Brückenglieder um einen bestimmten Differenzbetrag von V_{out} *(Abb. 78)*. Das daraus resultierende Ausgangssignal beträgt $V_{out} = U_B$ R. Da die Widerstandsänderung proportional dem Druck ist, beträgt $V_{out} = S \times P \times U_B \pm V_{Os}$.

Dabei ist

- V_{out} = Die Brücken-Ausgangsspannung unter Druckeinwirkung gegenüber der Brückennullage (ohne Einwirkung des zu messenden Drucks) in mV
- S = die Empfindlichkeit (Sensitivity) in mV/V bei Einwirkung einer Druckeinheit (Sensorkonstante)
- P = Druck in psi (pound per square inch = Gramm/inch^2)
- U_B = Betriebsspannung der Brücke
- V_{OS} = der Offsetfehler, d. h. die ohne Druckeinwirkung am Ausgang des Brückenverstärkers auftretende Differenzspannung, die temperaturmäßig unterschiedlich sein kann.

Die druckproportionale kleine Ausgangsspannung V_{out} des Drucksensors in Brückenanordnung wird einem professionellen Instrumentenverstärker zugeführt. Der XTR100 von Burr Brown ist ein hochpräziser, rausch- und driftarmer „Zweidraht Transmitter" mit einer ausgangsseitigen, spannungsgesteuerten Konstant-

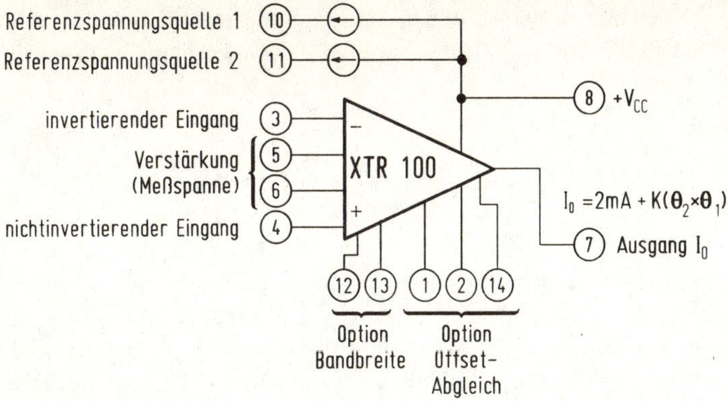

Abb. 79 a) Präzisions-Zweileiter-Transmitter (4...20 mA) XTR100 von BURR-BROWN

stromquelle und einer zweifachen Referenzspannung *(Abb. 79)*. Die erforderliche Verstärkung des Brückensignals zur Anzeige der gesamten Meßspanne (Anschlüsse „span") ist wie bei Instrumentationsverstärkern nur durch einen Widerstand (R_S) bestimmbar.

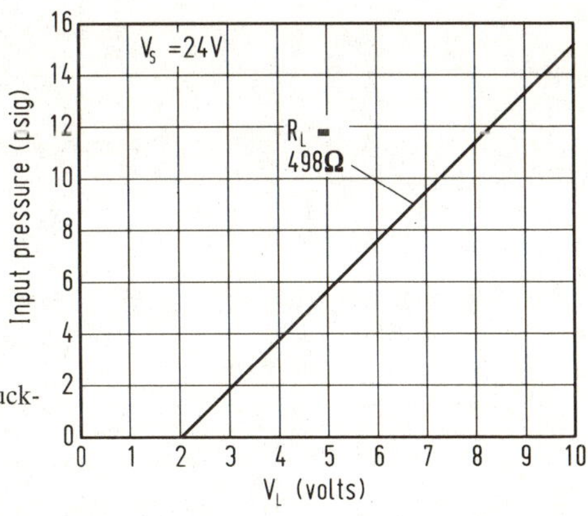

Abb. 79 b) Beispiel Druck-Ausgangssignal

Bei hohen Verstärkungen ist ein Kompensationskondensator an Pin12 und 13 anschließbar. Die Diode D dienst als Verpolschutz (Abb. 76).

12.10.2 Mit Drücken elektronisch Schalten

Schalter, die bei Einwirkung eines definierten Druckes auf einen Drucksensor ihren Schaltzustand ändern, werden in der industriellen Elektronik sehr vielseitig als Alternative zu mechanisch verschleißbehafteten Schalterausführungen zur Steuerung und Regelung von Prozeßabläufen wie auch in der Sicherheitstechnik verwendet. Die Grundschaltung eines druckempfindlichen Schalters zeigt *Abb. 80.* Bei dieser einfachen Schaltung bewirkt ein Druck ein Ein/Aus-Signal. Am Ausgang des druckempfindlichen Schalters liegt ein vom sensorierten Druck abhängiges L- oder H-Signal an, welches an eine digitale Auswertelektronik weitergeleitet wird.

Die Schaltung besteht aus einem druckempfindlichen Brückensensor. Ist das durch Druckeinwirkung verursachte Brückenungleichgewicht bzw. Brückensignal ausreichend groß, so wechselt der Komparator LM311 (NS) abrupt seinen Ausgangszustand. Zur Erreichung eindeutiger Schaltzustände bzw. zur Vermeidung

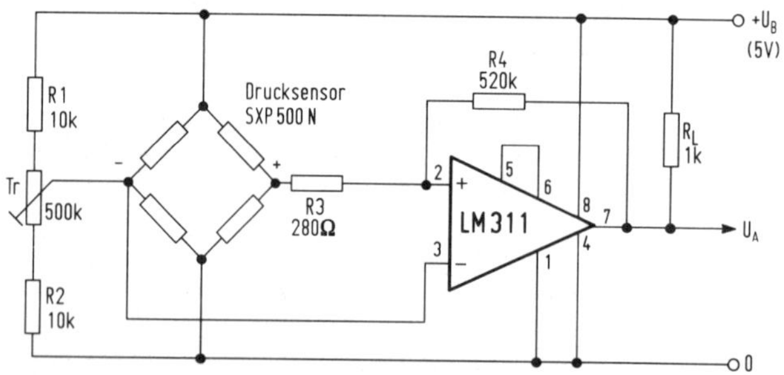

Abb. 80 Druckempfindlicher Schalter

von einem Hin- und Herschalten um den Schaltpunkt wurde eine positive Rückkopplung mit den Widerständen R3 und R4 (Hysteresiswirkung) eingefügt.

Die Schalthysterese wird durch R3 und R4 so festgelegt, daß diese größer ist als der maximale Störpegel des Systems.

12.10.3 Meßverstärker mit Stromausgang

Die Basisschaltung eines kostengünstigen „Zweidraht-Transmitters“ für widerstandsabhängige Brückensensorschaltungen zeigt *Abb. 81*. Der Brückenverstärker mit Stromausgang besitzt hochohmige Differenzeingänge, so daß dieser die Brücke kaum belastet. Die Sensor-Brücke wird von der Spannungsreferenzquelle des Meßverstärkers gespeist (Pin1). Der Meßverstärker formt das geringe Brücken-Spannungssignal in einen entsprechenden Stromwert (4…20 mA) um, wobei der Leitungswiderstand keinen Einfluß auf die Übertragung des Meßwertes hat.

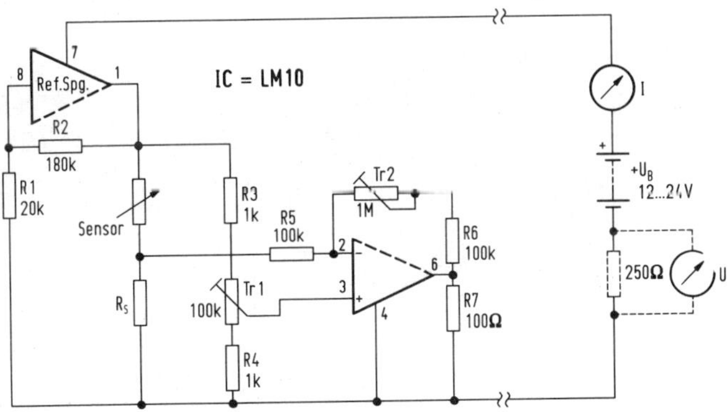

Abb. 81 Zweileiter 4…20-mA-Transmitter für widerstandsabhängige Brückensensorschaltungen

Bei Verwendung eines Shuntwiderstandes fällt eine der Widerstandsveränderung des Sensors proportionale Spannung ab, die als Signalspannung auswertbar ist. Die Schaltung ist mit TR1 und TR2 auf unterschiedliche widerstandsabhängige Sensoren anpaßbar.

12.10.4 Zweileiter-Transmitter mit Spannungskonverter

Eine Industrieapplikation (von TI) eines Zweileiterbetriebes, bei der gleichzeitig die Versorgung eines Meßwertaufnehmers und die Signalübertragung über zwei Leitungen erfolgt, zeigt *Abb. 82*. Bei dieser Schaltung wird das analoge Signal eines Sensors in einen entsprechenden Strom umgewandelt und über eine Zweidrahtleitung der entfernteren Auswertelektronik zugeführt.

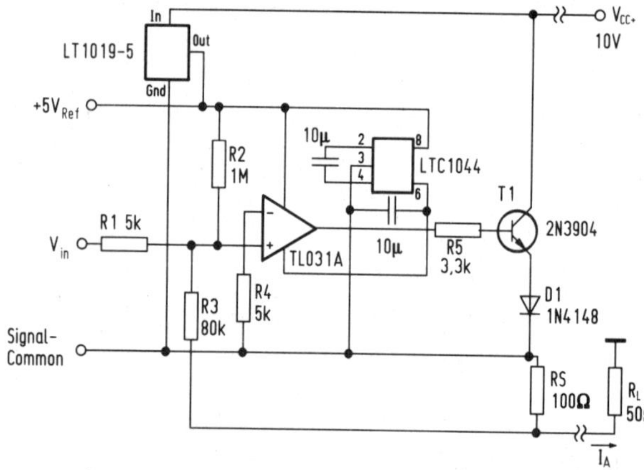

Abb. 82 Zweileiter 4...20-mA-Transmitter mit Präzisions-Spannungsquelle

Vorteilhaft dabei ist der hochohmige Eingang des TL032A von TI, der die Verwendung kostengünstiger Sensoren ermöglicht, die keine niederohmige Ausgangsimpedanz haben (JFET – Low Power – Low Offset – OV_S von TI). Die Schaltung verwendet eine Präzisionsreferenz-Spannungsquelle von +5 V (LT1019-5 von Linear Technology, Band-gap-Spannungsreferenz) sowie einen CMOS-kapazitäts-geschalteten Spannungskonverter (LTC1044), der als Präzisions-Spannungsteiler zur Herstellung einer symmetrischen Stromversorgung für den OV dient.

Bei null Volt am nichtinvertierenden Eingang des TL032A wird der Ausgangsstrom folgendermaßen bestimmt:

$$I_0 = V_{in} \left(\frac{R3}{R1 * RS}\right) + 5\ V \left(\frac{R3}{R2 * RS}\right) = 0{,}16 * V_{in} + 4\ mA$$

Der Ausgangsstrom beträgt 4...20 mA für eine Eingangsspannung von 0...100 mV. Durch Veränderung von R1, R2 und R3 kann der Eingangs-Spannungsbereich oder der Ausgangsstrom der Anwendung angepaßt werden.

Wenn man bei obiger Gleichung den geringen Offset des TL032A berücksichtigt, so ist

$$I_0 = V_{in} \left(\frac{R3}{R1 * RS}\right) + 5\ V \left(\frac{R3}{R2 * RS}\right) - V_{IO}$$

$$\cdot \left(\frac{R3}{R1 * RS} + \frac{R3}{R2 * RS} + \frac{R1}{RS}\right)$$

$$- 0{,}16 * V_{in} + 4\ mA - 0{,}17 * V_{IO}$$

Dieser geringe Offset von beispielsweise 1 mV vermindert den Ausgangsstrom nur um 0,17 mA.

Der „Low power“-Verbrauch des TL032A (Dual-OV) ermöglicht die Verwendung eines Sensors von mindestens 2 mA, welcher von der 5 V Präzisionsspannungsquelle gespeist werden kann.

Literatur

Für die freundliche Unterstützung mit technischen Unterlagen, Dokumentationen, Bildern und Informationen danke ich allen im Buch erwähnten oder hier aufgeführten Firmen:

MIR Elektronik Vertriebs GmbH, Schwanthalerstr. 2, 8000 München 2
Entwicklungen Hard- & Software Dipl.-Ing. (FH) W. Schreieröder, 8011 Kirchheim

SenSym, Drucksensor-Handbuch 1988
SENSORTECHNICS, 8039 Puchheim

Siemens AG München, Bauteile-Informationen (Siemens Components), Datenbücher 1989/90

Bücher und ergänzende Literatur:

Eckl/Pütgens/Walter: A/D- und D/A-Wandler
Franzis-Verlag München
Link: Messen, Steuern und Regeln mit PC's
Franzis-Verlag München

Zeitschriften:

Elektor, die Elektronik Zeitschrift
Elektor-Verlag GmbH, 5100 Aachen

ELRAD, Magazin für Elektronik und technische Rechneranwendungen
Verlag Heinz Heise GmbH & Co. KG, 3000 Hannover

Sachverzeichnis

A

Ablaufsteuerung 22, 35, 89
Abtastung 117
A/D-Wandler 37, 106, 122, 136
Aktoren 58
Aktuatoren 58, 70
Analog/Digital 12, 38
Ansteuerbausteine 79, 82
Auflösung 117
Ausgabeelement 58

B

Befehlsgeber 15
Binärcode 113, 118
Binärsignale 15
Bitmuster 15, 112
Bitrate 15
Bits 15, 118
Brückenschaltung 64
Byte 15

C

Codierung 117

D

D/A-Umsetzer 42, 112, 125
Decodierung 118
Differentialregler 18
Digitalsignal 14
Drehzahlsteuerung 63
Druck-Kraftmessung 137, 144

E

Elektrische Signale 11
Encode 117
Entprellen 88
EPROM 89

F

Fensterkomparator 52, 67
Fernwirksystem 35
Frequenz|information 112
– messung 140
– -Spannungskonverter 42, 44
Führungs|größe 15
– steuerung 16

H

Halbleiterrelais 58
Haltegliedsteuerung 16
Hardware 89

I

Impulsgenerator 63
Integralregler 18
Interface 90
Istwert 17

K
Kaskadierung 51
Komparatorkette 45

L
Licht|koppler 62
– wellenleiter 133
Logikzustände 15
LSB 119

M
Magnetfeldmessung 141
Mikro-Controller 89
Motorsteuerung 66
MSB 119

O
Optokoppler 62
Parallelumsetzer 120
PID-Regler 21
PLL-Decoder 23, 27
Positionsmelder 138
Programm 102
– geber 35
– steuerung 16
PROM 89
Proportionalregler 18

Q
Quantisierung 117

R
Regelabweichung 17
Regelkreis 17
Regeln 15
Regler 18
Rückkopplung 17

S
Sägezahngenerator 55
Sensorik 130
Serienumsetzer 120
Signale 11
Signalelemente 14
Signalübertragung 11
Software 89
Sollwert 17
Spannungskonverter 150
SPS 89

Sch
Schaltstufen 22
Schnittstelle 90
Schrittmotor 70, 73, 77

St
Stellglied 18
Stellgröße 15
Steuern 15
Steuerkette 16
Störgröße 17
Stufenumsetzer 112

T
Temperatur-Messung 135
Tondecoder 567 23
Torzeit 112
Transmitter 144, 147, 149
Treppenstufenumsetzer 118, 122

U
Übertragungssysteme 12
U/F-Umsetzer 37, 43, 106
Umsetzer 113, 120

W
Wandlerkriterien 121
Wandlungszeit 120

Z
Zählfenster 112
ZN425E 124
Zweidraht-Fernmessung 143, 149, 150
– -Transmitter 143, 149, 150